孙晓丽 / 著

中国纺织出版社

基本工具／4
材料／5
基本针法／6
咔咔问答／7

Part 1 萌系布偶包

No.1 大眼猴iPad包／10
No.2 老鼠包／11
No.3 相机包／15
No.4 炫彩化妆包／18
No.5 拼布手机袋／20
No.6 卫生棉包／22
No.7 小熊零钱包／24
No.8 小熊钥匙包／25
No.9 小鸡钥匙包／29
No.10 小熊手机袋／32

Part 2 玩偶帮你忙

No.11 绵羊枕 / 36
No.12 企鹅鼠标护腕 / 39
No.13 小白熊日记本套 / 42
No.14 小熊头针插 / 44
No.15 兔装娃娃包挂 / 46
No.16 小鸡宝宝定型枕 / 49
No.17 宝宝围兜 / 52
No.18 小鸡宝宝围嘴 / 54
No.19 小熊宝宝鞋 / 56
No.20 小熊U形颈枕 / 58
No.21 天使熊小方巾 / 61
No.22 小兔子手机挂件 / 64
No.23 棕熊先生腕垫 / 66
No.24 小白猪包挂 / 69
No.25 熊猫腕枕 / 72

Part 3 甜蜜·小·伙伴

No.26 小熊萌萌 / 76
No.27 招财猫 / 77
No.28 小兔子 / 81
No.29 毛毛虫 / 84
No.30 草莓娃娃 / 88
No.31 大触角蜗牛 / 90
No.32 黄小鸭 / 92
No.33 卖萌熊 / 94
No.34 拼布小熊 / 97
No.35 青蛙王子 / 100
No.36 蛇宝宝 / 102
No.37 圣诞小熊 / 105
No.38 糖果熊 / 108
No.39 羞羞兔 / 110
No.40 乡村兔子 / 112

图纸 / 115

基本工具

① 剪刀

准备一把大剪刀和一把小剪刀，大剪刀裁剪用，小剪刀剪线头用。

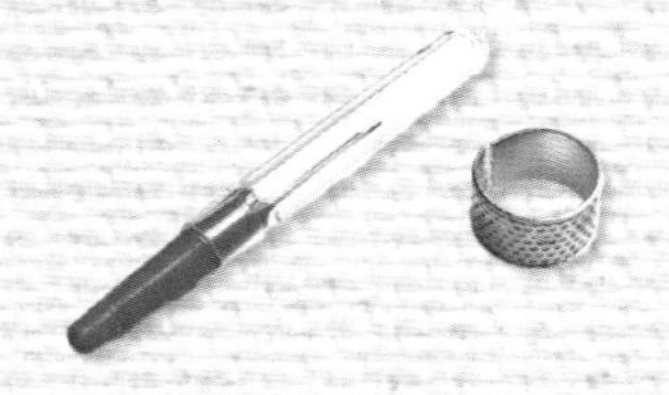

② 拆线器，顶针

拆线器的用途是帮您拆除不小心缝错的部位。顶针的用途是在将缝针顶过布料时用以保护手指。

③ 铺棉，PP棉

铺棉做布包的时候用，PP棉填充玩偶用。

④ 热熔胶枪

粘贴小配件或者装饰物用。

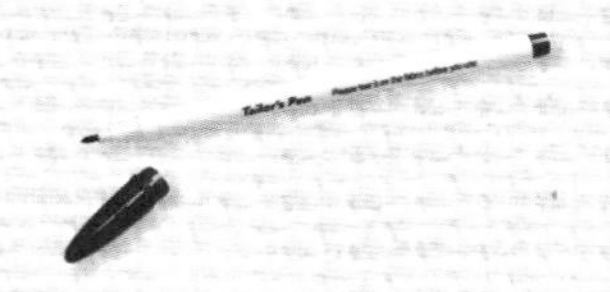

⑤ 水消笔

在布上画图案后，洗一洗痕迹就会自动消失。

⑥ 线

准备多种颜色的线备用。

⑦ 针，珠针

缝厚的布料可以选择稍粗的针，缝薄的布料可以用稍细的针。在缝制的过程，为了防止两片布错位移动，用珠针固定。

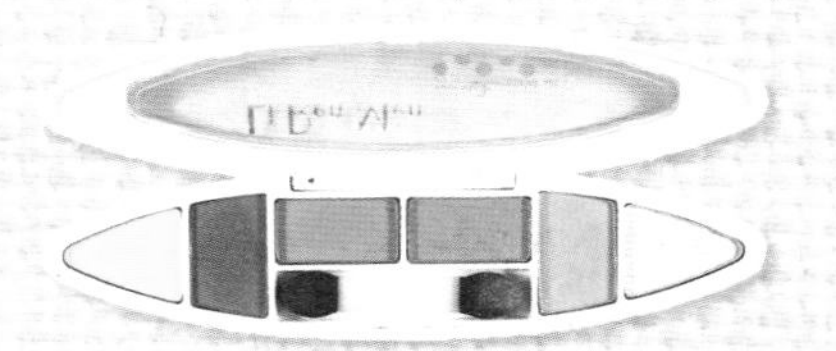

⑧ 腮红

给玩偶涂腮红用。

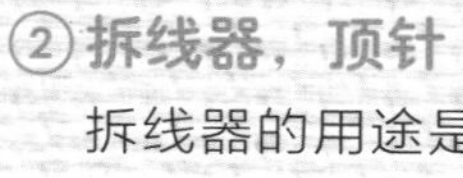

材料

①毛绒布

手感非常细腻，舒适，适合做玩偶和靠背用。

②不织布

不织布材质偏硬，虽然颜色丰富，但是比较容易起球，书中做配饰用。

③纽扣

各种用途的小纽扣，具有实用性和装饰性。

④花边、丝带

装饰玩偶用。

⑤拉链

做包包的时候用。

⑥纯棉花布

纯棉布具有良好的吸湿性和透气性；布面光泽柔和，手感较为柔软。可以做玩偶用。

⑦玩偶眼睛

做玩偶用到的配件。

⑧麻绳，蜡绳

做小布包的时候用。

基本针法

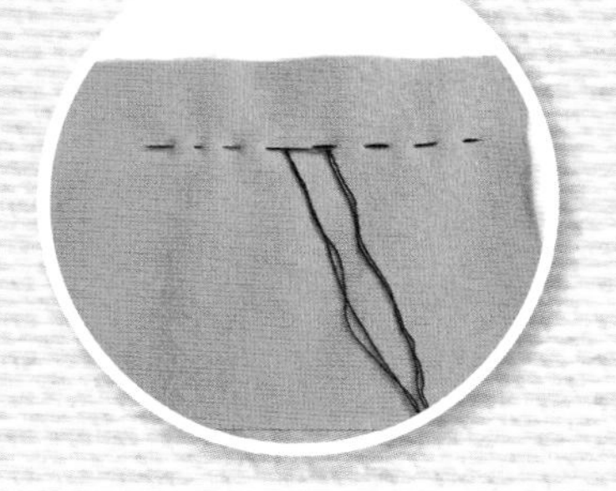

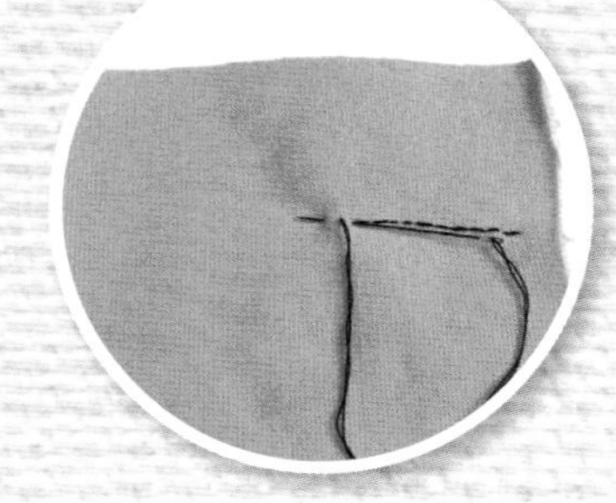

2. 回针法

这是类似于机缝而且最牢固的一种手缝方法，玩偶缝合身体衣服基本都使用这种针法。

1. 平针法

通常用来做一些不需要很牢固的缝合，以及做褶皱、缩口等。可以一次多挑几针然后起拉紧线头。平针的针脚距离一般保持在0.5cm左右。

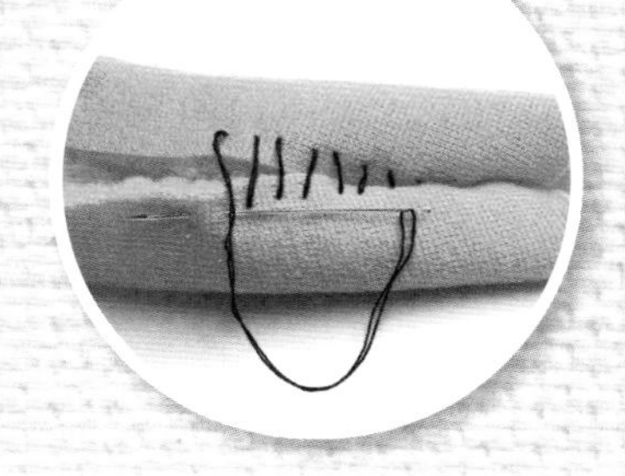

3. 藏针法

这是很实用的一种针法，能够隐匿线迹，常用于不易在反面缝合的区域。

打结收针

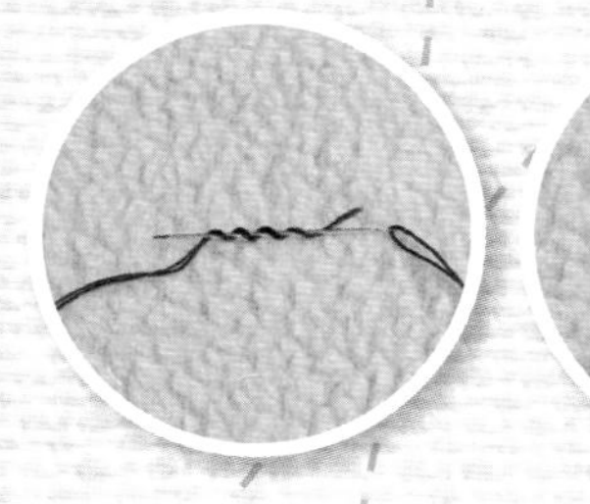

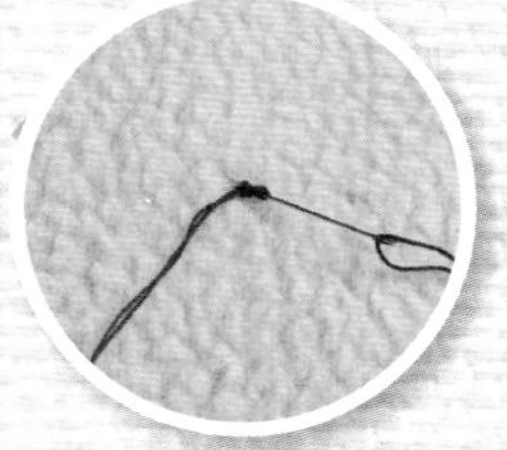

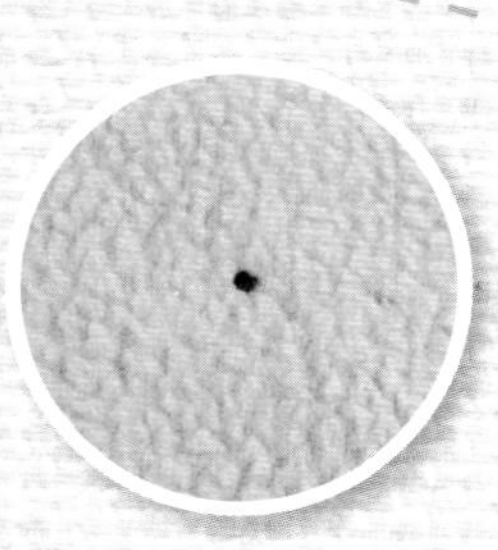

1. 从布料内侧向外侧扎针，然后在针上绕几圈。
2. 将绕的线集中在针上，然后如图向内侧扎针。
3. 缝制好的样子，也可用于缝制小玩偶的眼睛。

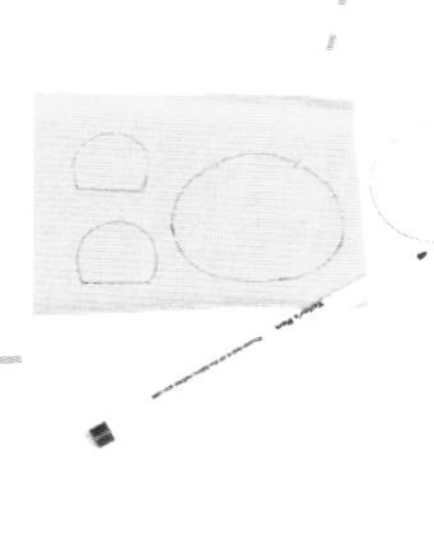

1

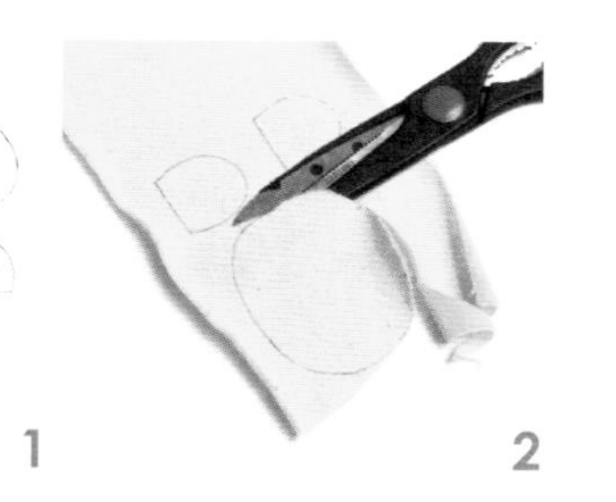

2

3

★ 部件剪裁

1. 首先在书的纸型上放一张绘图纸，然后描下图形，将纸型放在布上画出玩偶的各部件。
2. 沿线将布上画好的各部件一片片剪下来。
3. 剪裁完成。

眼睛的缝制

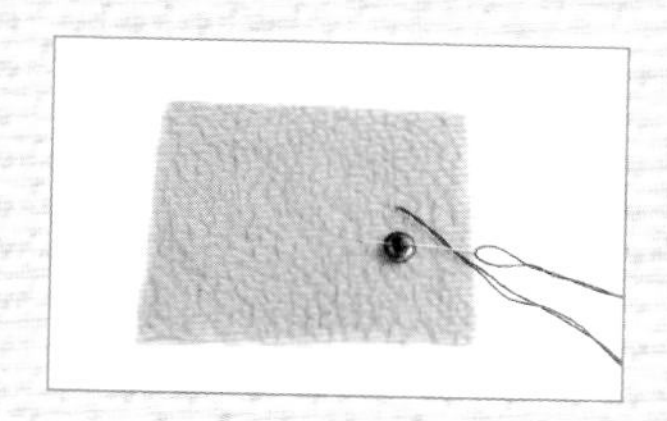

1 将线穿过纽扣状眼睛，缝在眼睛位置的针上。

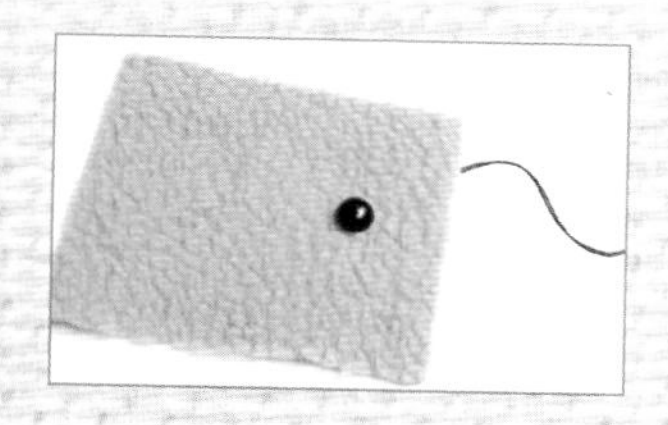

2 缝好眼睛在后面打结。

鼻子的缝制

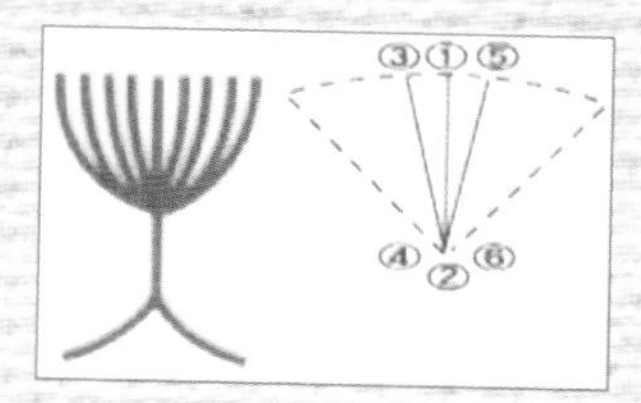

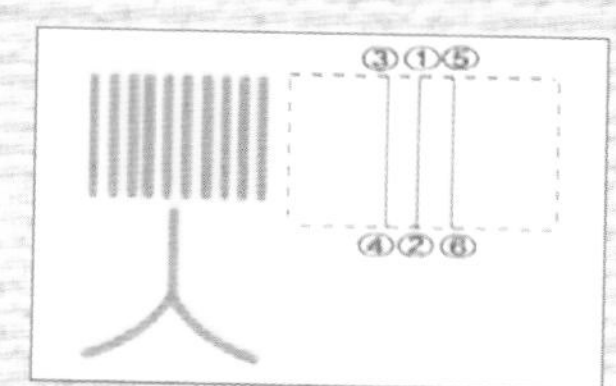

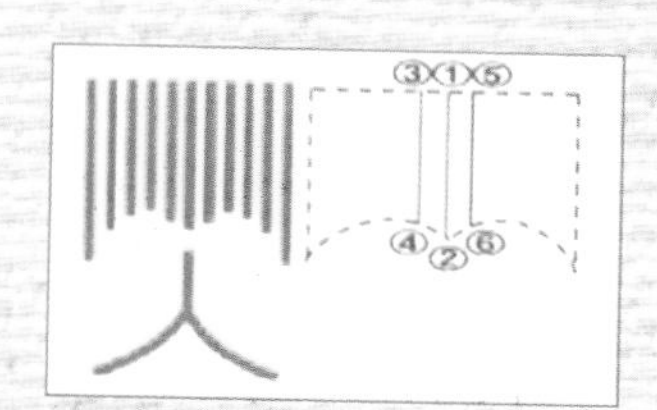

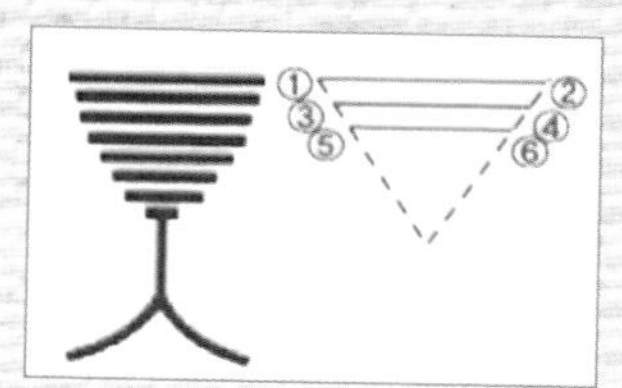

咔咔问答

网友 碎花小兔问：毛绒玩偶久了上面都会有一层灰尘，洗了晒干后毛又卷卷的不好看，该怎么办啊？

答 温水中倒入一点沐浴液或者洗发液把玩偶放在水中用手轻轻揉搓，反复冲洗几次后用干毛巾包住放到洗衣机里甩干，这样就不会伤害玩具的表面了。待玩偶晒干后用手轻轻拍打一下，如果是好的pp棉或珍珠棉自然就会蓬松起来了。

网友 imeilime问：请问咔咔老师做玩偶一般用什么针法?

答 做玩偶一般用回针法，这种是类似机缝的针法，是最牢固的一种手缝方法，用这种针法缝制玩偶会更结实。

网友 月儿弯问：咔咔老师做玩偶一般用什么填充棉?

答 一般有两种，pp棉或者珍珠棉均可。pp棉是一种普通的人造化学纤维，PP棉(涤纶)弹性好，蓬松度强，造型美观，不怕挤压，易洗、快干。

网友 tks_丹问：老师，制作玩偶时，塞棉花的预留口，怎么缝得不留痕迹又美观?

答 使用藏针法，这是很实用的一种针法，能够让线迹隐形哦！

网友 maomi问：做玩偶最后一步，塞完填充棉后留的口怎么收针能不留线结啊，我做手工的时候都不知道最后怎样隐藏线疙瘩。

答 首先在起针和收尾的时候都要回针，然后挽一个小线结，将线结通过缝针拉进到缝合的缝隙里面后轻轻一拉就会把它藏到里面了。

萌系布偶包

大眼猴、小老鼠、萌萌熊、小黄鸡，可爱萌宠甜到心里；
相机包、电脑包、手机包、化妆包、零钱包，各种包包离不开手。
可爱和实用完美结合的玩偶包包们，怎能不爱？

No.1
大眼猴iPad包

材料	棕色短毛绒	25cm×50cm
	白色天鹅绒	25cm×50cm
	浅粉肤色不织布	15cm×20cm
	黑色不织布	10cm×10cm
	咖啡色不织布	5cm×5cm
	白色短毛绒	10cm×15cm
	点点棉麻布	15cm×25cm
辅料	珍珠棉	10g
	鹿皮绳	15cm

图纸：第115页

✂ No.2

老鼠包

材料	素麻布	15cm×25cm
	咖啡色格子布	20cm×45cm
辅料	铺棉	20cm×25cm
	蜡绳	15cm
	黑色眼珠	1对
	木珠	1颗
	椰扣	2颗
	20cm左右的拉链	1条

图纸：第116页

✂ No.1

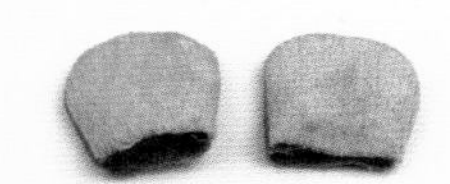

1 裁4片耳朵，每2片正面相对缝合留翻口，然后翻到正面。

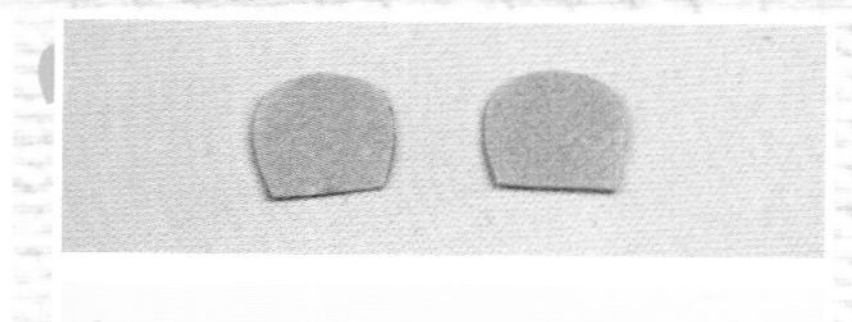

2 剪下2片浅粉肤色作为内耳。如图将内耳缝制在外耳上。

3 裁出正面2片表布，并如图接缝在一起。

4 剪出一片脸片，并将脸片居中缝制在表布绒面上。

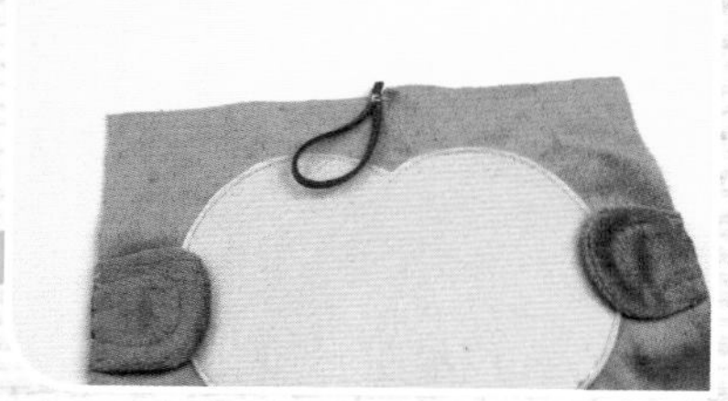

5 将缝制好的耳朵缝制在表布上，并将鹿皮绳对折缝制在中间。

6 剪出一片相同尺寸的布片做表布的后片。

7 剪出2片和表布相同尺寸的里布

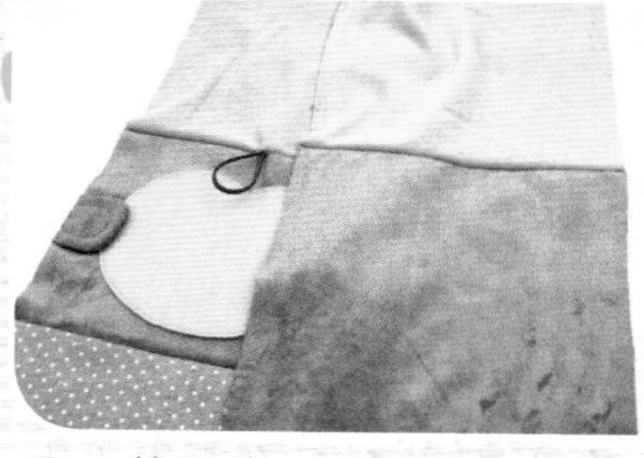

8 将里布和表布分别接缝在一起。

9 将接缝好的表布和里布正面相对如图缝合一圈，在里布上留出4~5cm的翻口。

10 缝好翻至正面将里布整理好放入袋中。

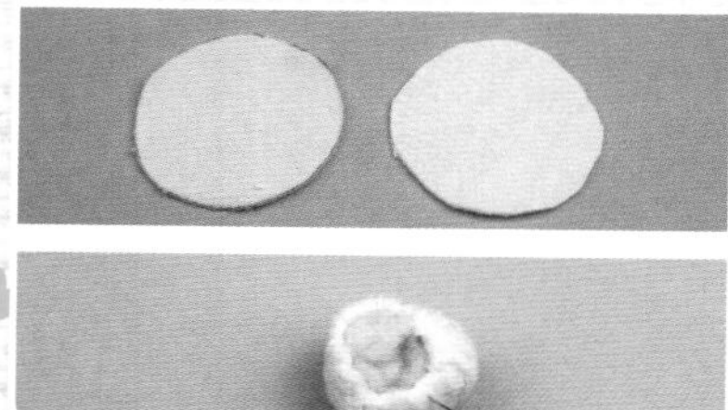
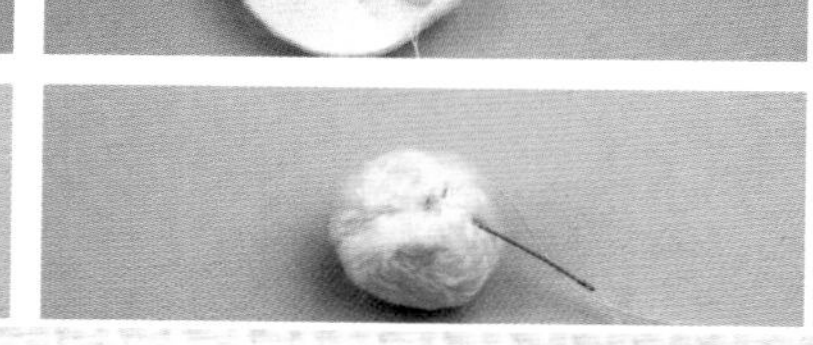

11 裁出2片圆形布片，用卷针法或者平针法沿着布边缝制一圈。将少许珍珠棉放到布片中间轻轻将线抽紧打结，用作眼球。

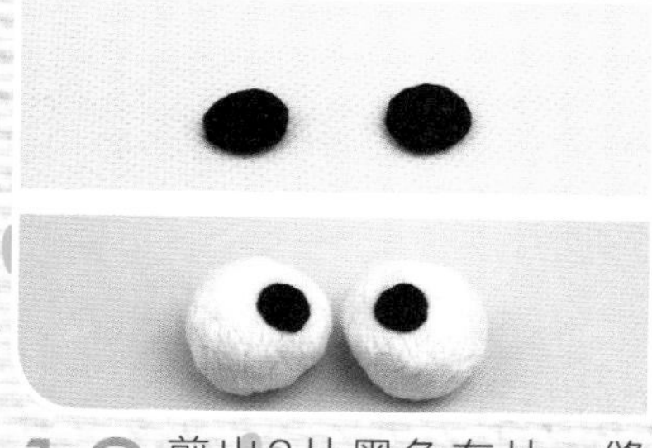

12 剪出2片黑色布片，缝制在白色圆球上，眼睛完成。

13 将眼睛缝制在脸片合适位置。

14 剪出一片鼻子如图缝在合适的位置。

15 如图从鼻子处向下绣出长度为3.5cm左右的线作为小猴的嘴。

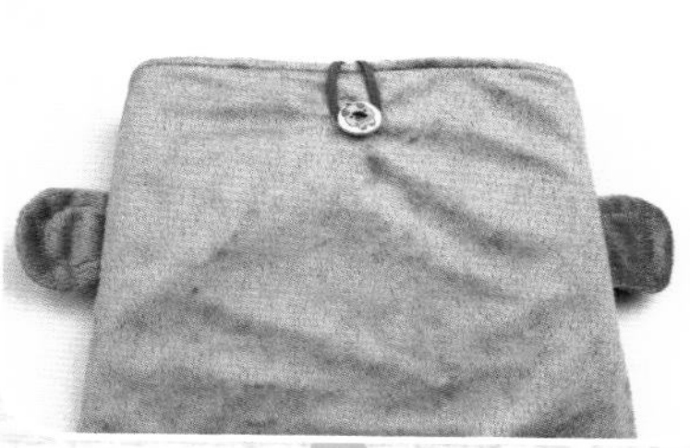

16 在袋口缝上纽扣和扣襻。

17 可爱的大眼猴ipad包就做好了。

No.2

1 对照图纸在布的反面画出两个耳朵的形状。

2 每两片正面相对缝合半圆，留出3mm的缝分后将多余的布边剪掉。

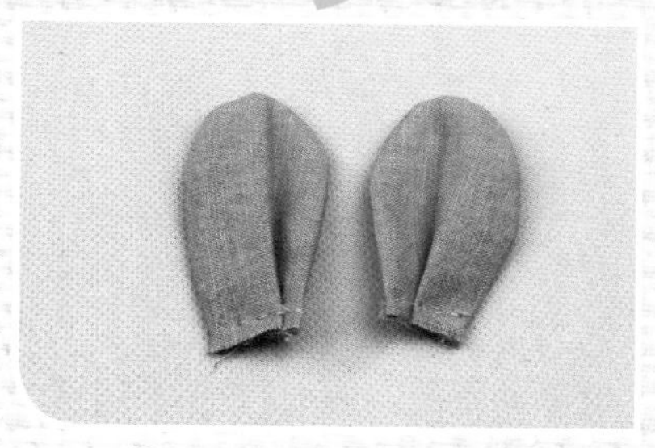

3 将耳朵翻至正面，如图所示分别捏一个褶后用线缝好备用。

4 裁出老鼠的头和身体。

5 头和身体缝合，缝制的过程中将耳朵放在合适的位置后一起缝。

6 身体缝好的样子。

7 将身体和铺棉放在一起缝合一圈后将多余的铺棉剪掉。

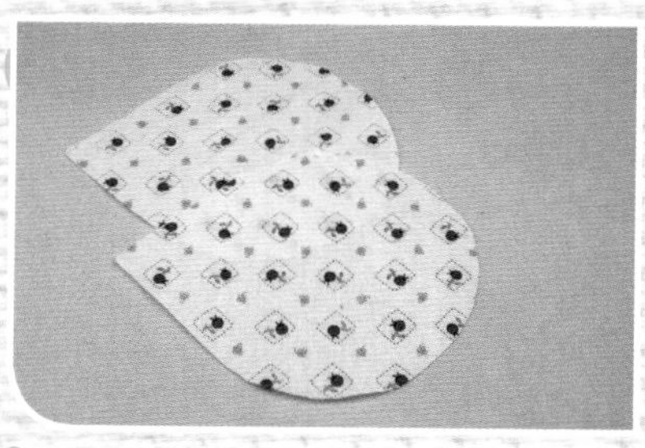

8 裁出两片里布。

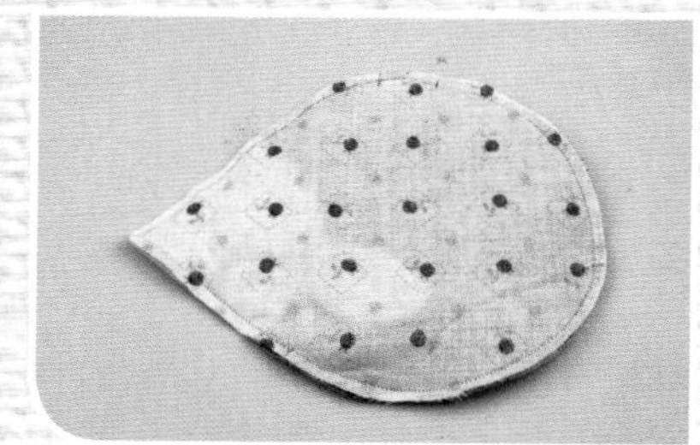

9 将里布和身体表布正面相对缝合并留出4cm左右的翻口。

10 身体缝好翻正，将翻口用藏针法缝合。

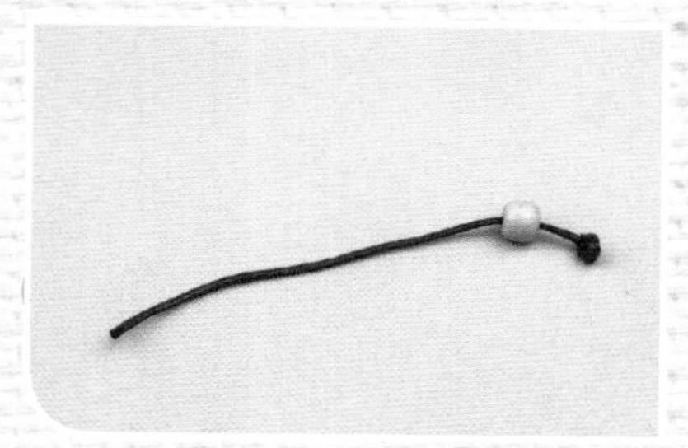

11 取一根蜡绳将其中一头打结后穿上一颗木珠做老鼠的尾巴。

12 将两片身体对在一起用藏针法缝合一圈，缝制的过程中将老鼠尾巴也一起缝合（注意留出拉链的位置）。

13 在老鼠的头和身体的缝纫线处用平针法缝出明线。

14 在合适的位置缝上黑色眼珠。

15 将纽扣缝制在鼻尖上。

16 用红色线绣出嘴巴。

17 缝制上拉链，可爱的老鼠包就做好了。

No.3
相机包

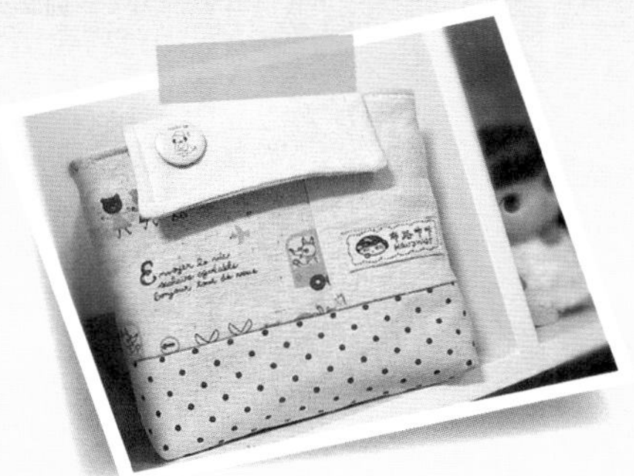

图纸

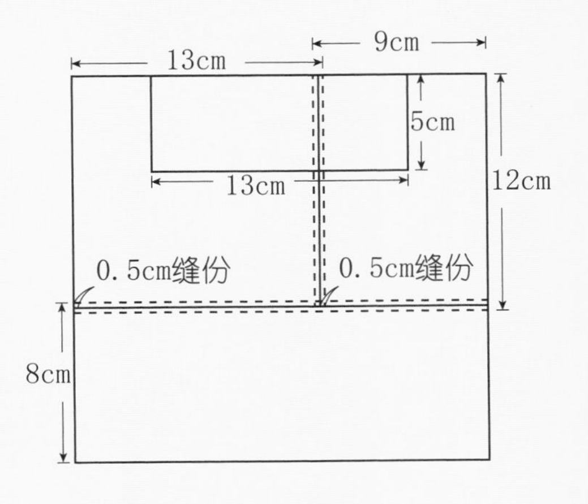

材料	
素色棉麻点点布	30cm×50cm
素色点点纯棉布	30cm×50cm
素色棉麻	15cm×20cm
素色卡通棉麻	5cm×30cm

辅料	
铺棉	25cm×30cm
木扣	1枚

1 首先剪出3片表布。

2 如图分别缝合。

3 用熨斗烫平后将小标签缝制在合适的位置。

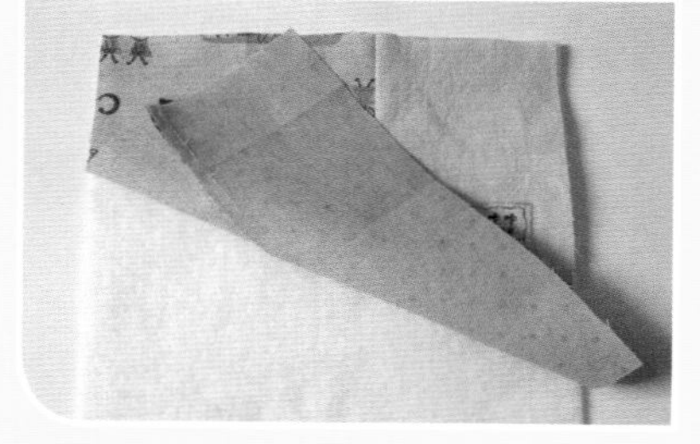

4 表布和铺棉重叠。

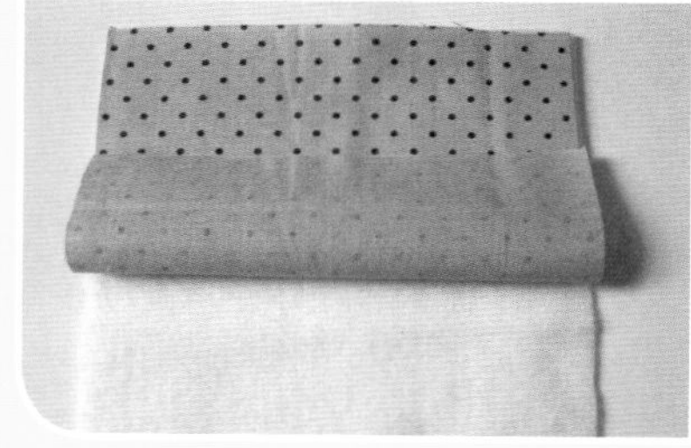

5 剪出相同尺寸的另一片表布，同样的方法将表布和铺棉重叠在一起。

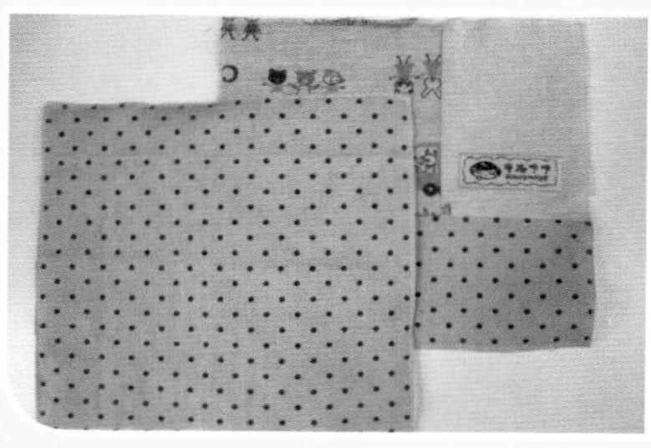

6 如图将重叠好的表布和铺面周围固定。

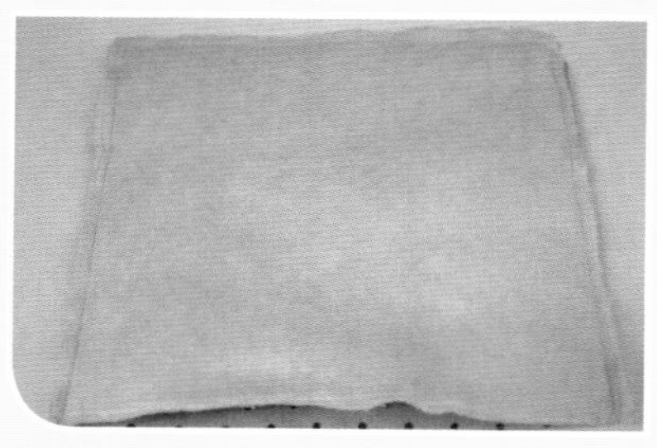

7 如图将前后两片表布正面相对缝合。

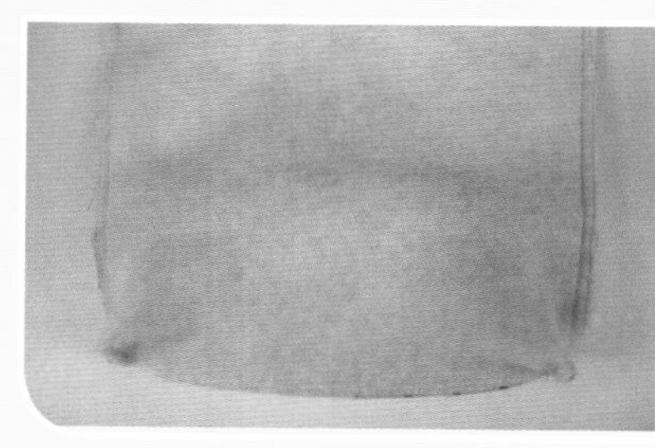

8 将底部的两角对折缝制1.5cm。

9 翻至正面。

10 准备两片片长方形的布片和一片铺棉，开始做包盖。

11 如图缝制在四周留出翻口。

12 翻面后在边上压出明线。

13 如图缝制在包口处。

14 准备两片和表布相同尺寸的里布。

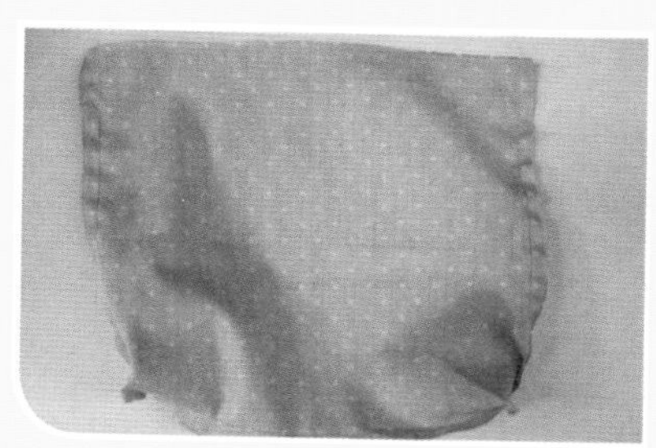

15 如图正面相对缝合，并将底部的两角对折缝制1.5cm，注意包口不要缝合。

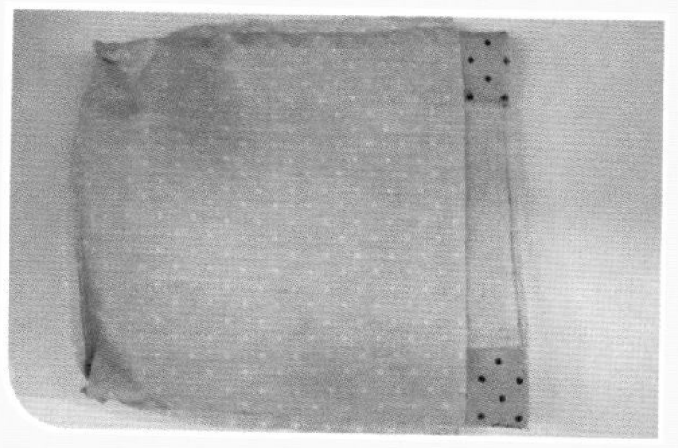

16 如图将缝制好的里布放进去。

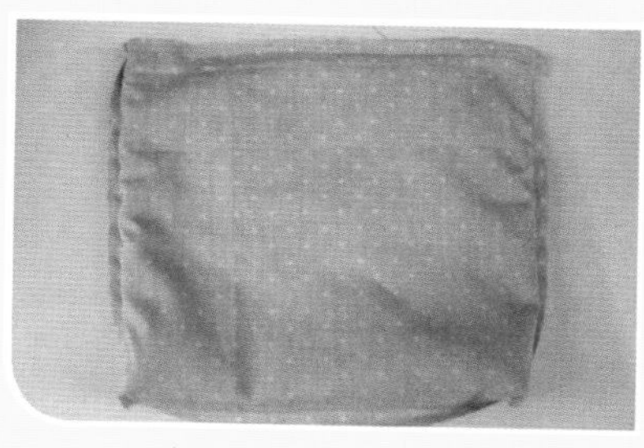

17 将里布和表布放整齐后缝制一圈并留出3cm左右的翻口。

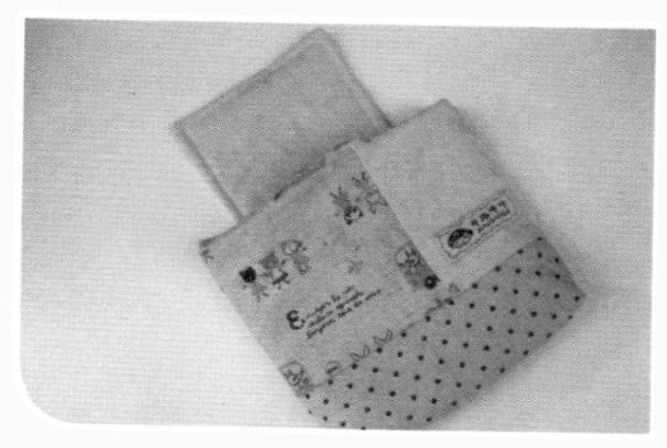

18 翻至正面。

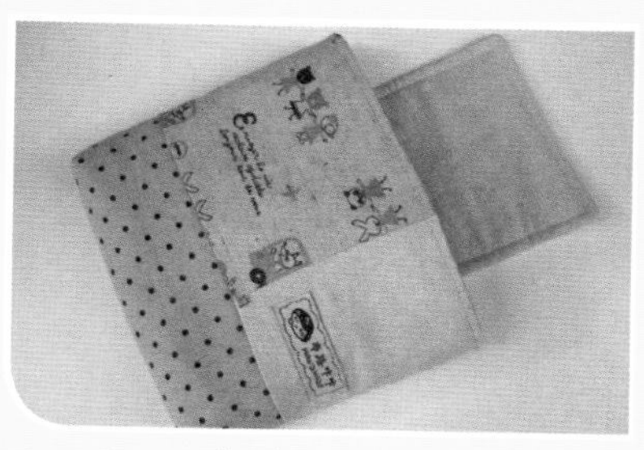

19 用藏针法将翻口缝合，并沿包口缝制一圈明线。

20 在包口合适的位置缝制暗扣。

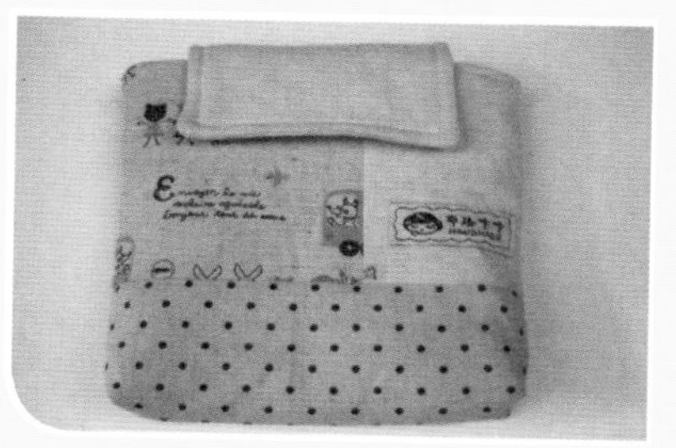

21 将暗扣扣紧。

22 取一颗可爱的纽扣缝制在包盖的右侧做装饰。

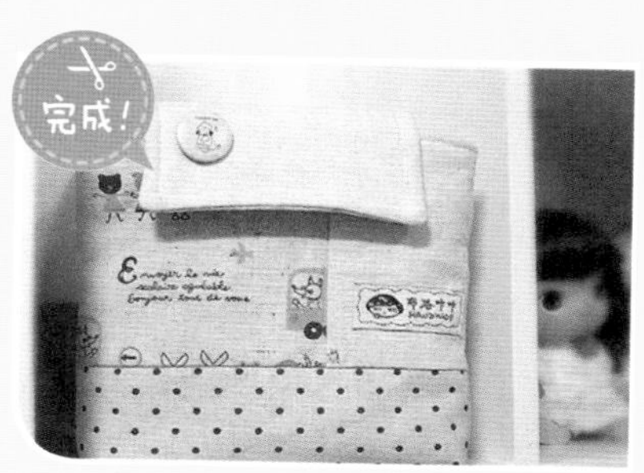

23 可爱的相机包就完成了。

No.4 炫彩化妆包

材料

纯棉花布	25cm×26cm
绿色条纹布	7cm×25cm
绿色格子布	25cm×40cm

辅料

铺棉	25cm×40cm
直径22cm的白色拉链	1条
花边	23cm
白色腊绳	10cm
木珠	1颗

1 剪出2片包包的正面表布，19cm×7.5cm，19cm×6cm。分别将两片表布缝合。

2 对照正面表布裁出相同尺寸的包包背面表布，并平放在铺棉上压线固定，剪掉铺棉多余边角。

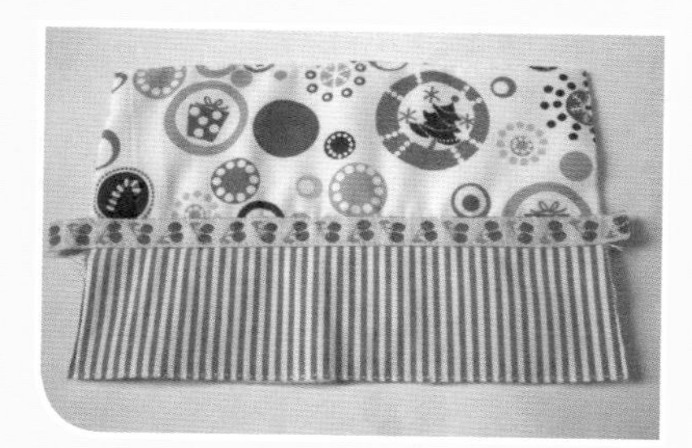

3 取一小段花边缝在表布的缝纫线中间。

4 裁2片和表布相同尺寸的里布。

5 将拉链夹在里布和表布中间，注意两层布料正面朝里，拉练的正面对折布料的正面，对齐边缘后缝合。

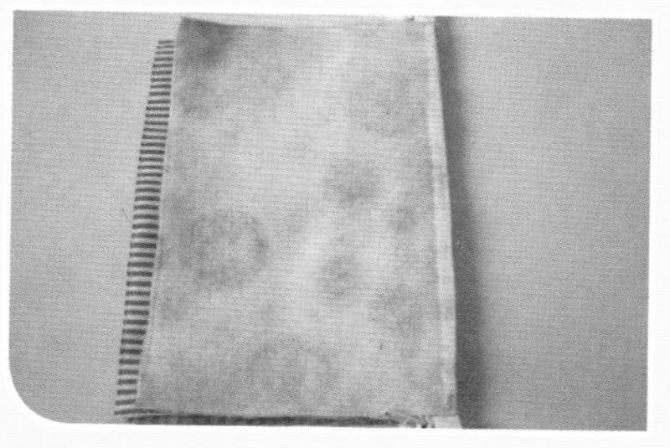

6 相同的方法将另外两块布料和拉链的另一边缝合，注意布料要对齐。

7 将布料翻到正面铺平，最好用电熨斗烫平。在拉链两边压出明线。

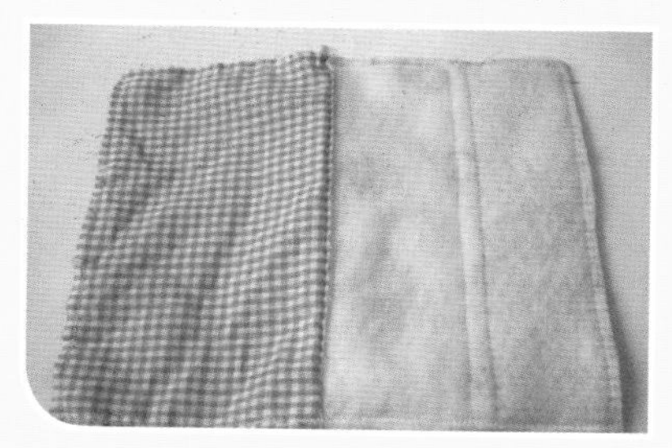

8 将表布与表布，里布与里布层叠对齐，然后将四周缝合，在里布留出翻口。

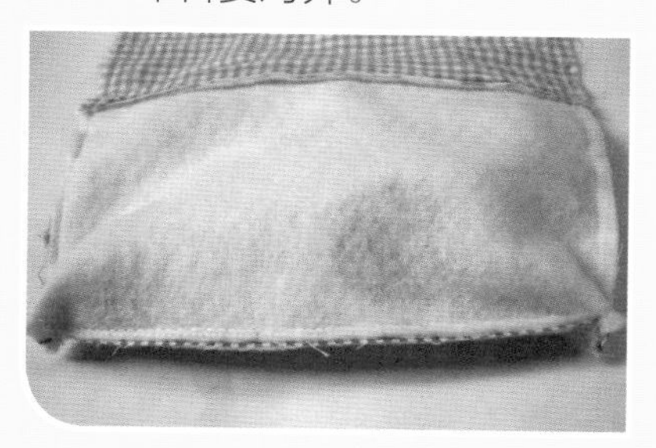

9 将包底两角对折缝合。

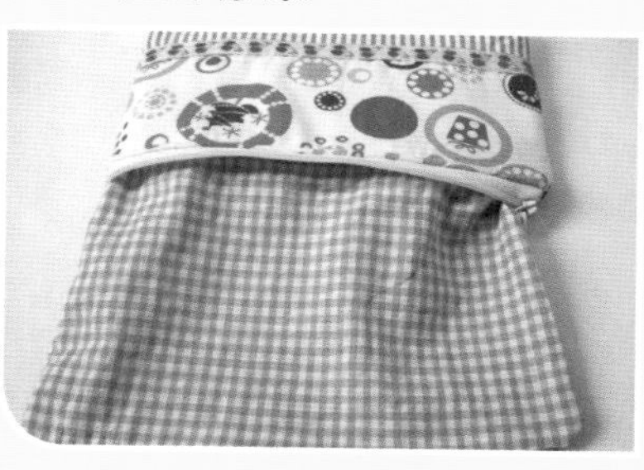

10 翻到正面后用藏针法将翻口缝合。

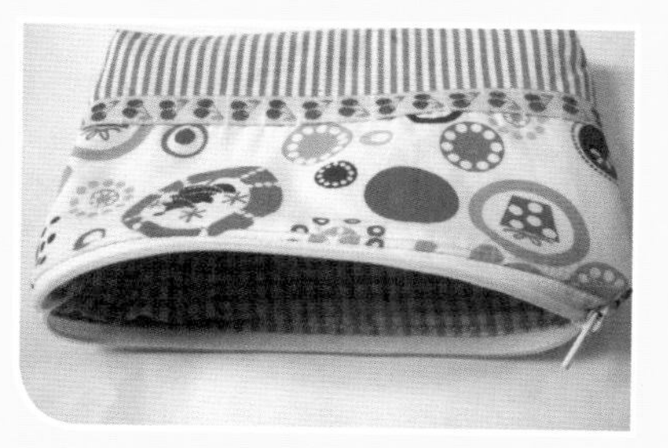

11 将里布放入包中。

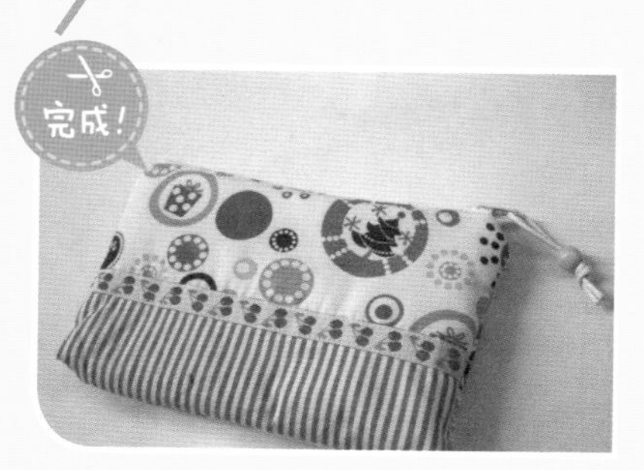

12 将绳子和木珠穿在拉链头上系紧做装饰。实用的化妆包就完成了。

No.5
拼布手机袋

材料	素色棉麻	10cm × 25cm
	粉色点点布	10cm × 15cm
	红色格子布	20cm × 22cm
辅料	铺棉	15cm × 20cm

1 首先如图剪出4片表布。

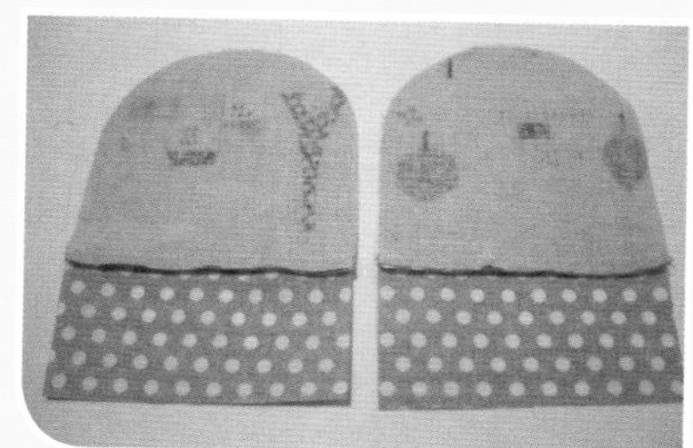

2 分别将布片如图缝合。

3 将缝制好的手机袋表布放在铺棉上。

4 如图将表布和铺棉四周固定，然后将多余的布片剪掉。

5 剪出两片格子里布。每片里布和表布对应拼缝。

6 如图正面相对缝合。留翻口。

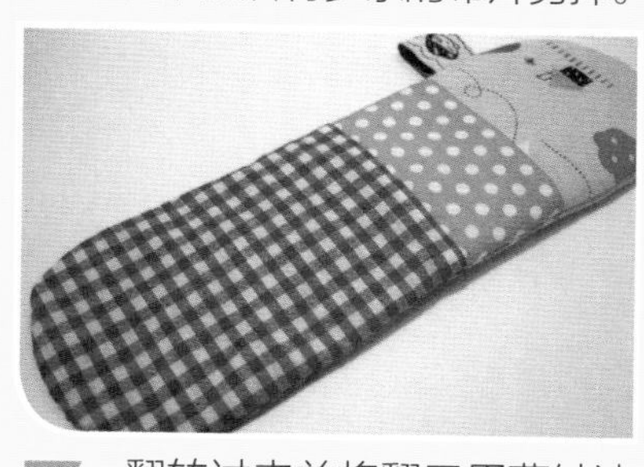

7 翻转过来并将翻口用藏针法缝合。

8 将里布放入袋中。

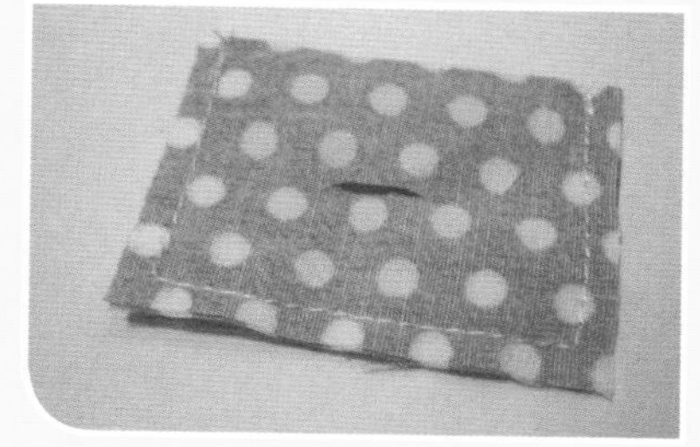

9 按尺寸图剪一块长方形圆点布，对折缝合，中间剪一小段翻口。

10 翻至正面。

11 做成如图一样的蝴蝶结。

12 如图将蝴蝶结缝在手机袋上。可爱的拼布手机袋就完成了。

No.6 卫生棉包

图纸

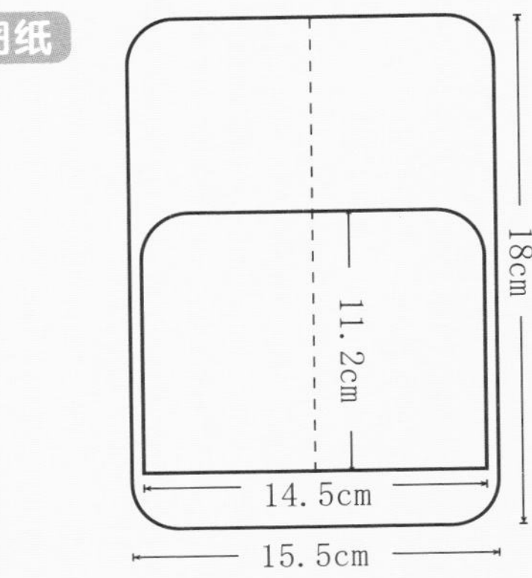

材料		
	素色棉麻	15cm×35cm
	红色点点布	15cm×35cm
	红色格子布	30cm×50cm

辅料		
	铺棉	30cm×35cm
	花边	30cm
	花型塑料纽扣	2颗
	格子包边带	60cm
	格子布包扣	1颗
	棕色腊绳	10cm

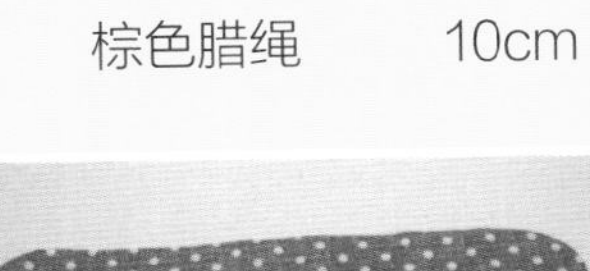

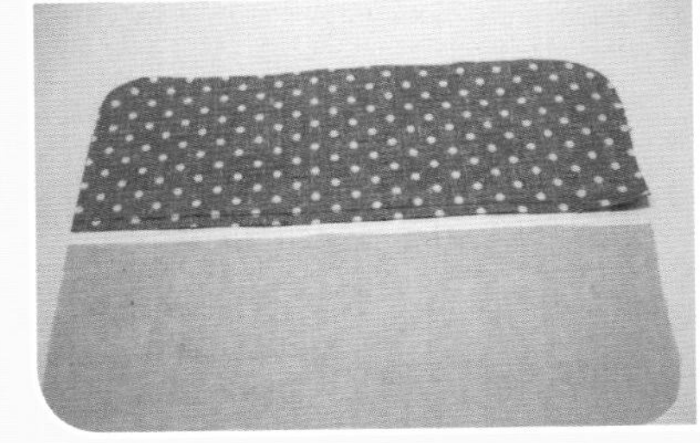

1 首先剪出两片表布。

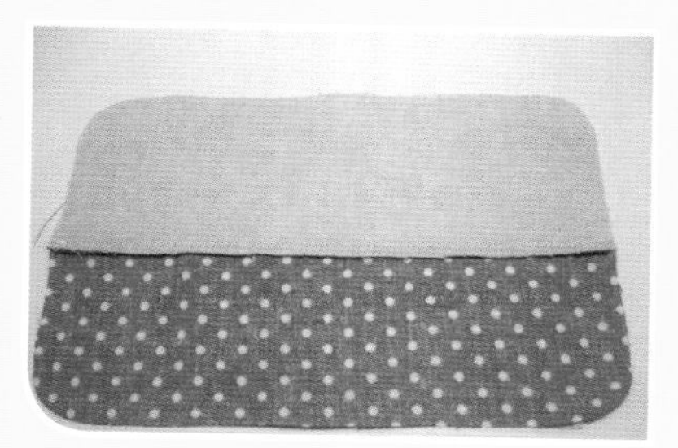

2 将两片布缝合。

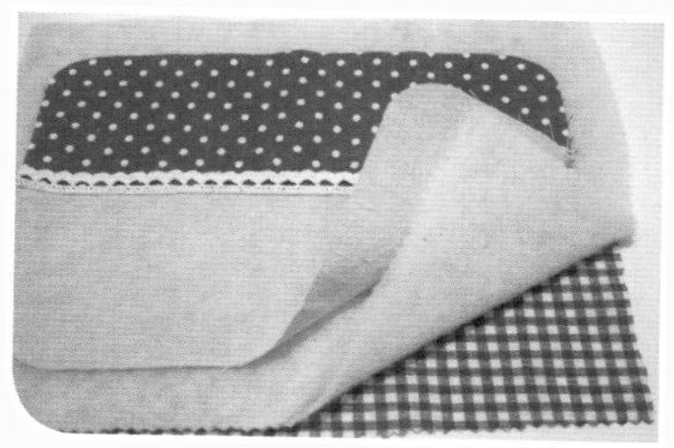

3 取一段花边缝制在表布上，然后将表布、铺棉、里布层叠在一起。

4 如图四周缝合，多余的布边剪掉。

5 剪出包两侧的里布。

6 如图将一侧的毛边挽进缝合。

7 如图缝制在两侧。

8 将8cm长的绳子对折固定。

9 准备好格纹包边带，如图将包边带缝在四周。

10 用藏针法将边包好。

11 包边完成后的样子。

12 绣出花茎，然后缝制上可爱的小花扣。

13 准备一颗大一点纽扣缝制在包包的一侧就完成了。

✂ No.7 小熊零钱包

材料
素色棉麻 20cm × 20cm
红色水玉布 20cm × 40cm
条纹布 20cm × 40cm

辅料
拉链 1条
纽扣 1对
珍珠棉 10g
铺棉 20cm × 40cm

✂ No.8

小熊钥匙包

材料 素色棉麻布 15cm×20cm
绿色点点布 20cm×25cm

辅料 花边 25cm
黑色眼睛 1对
棕色腊绳 40cm
木珠 1颗
钥匙圈 1个

图纸：第117页

No.7

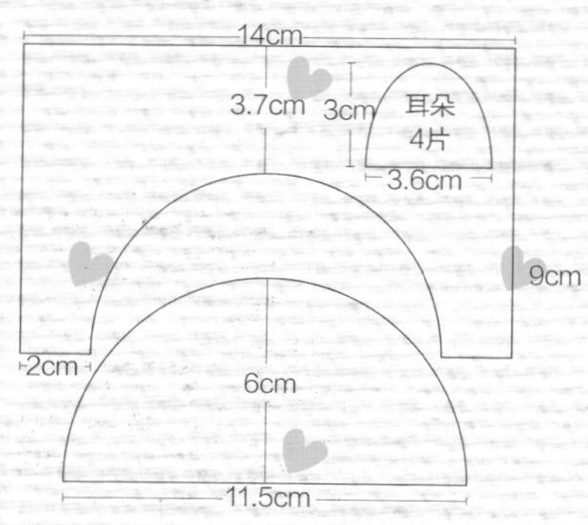

1 剪出4片耳朵。

2 每两片正面相对缝合。

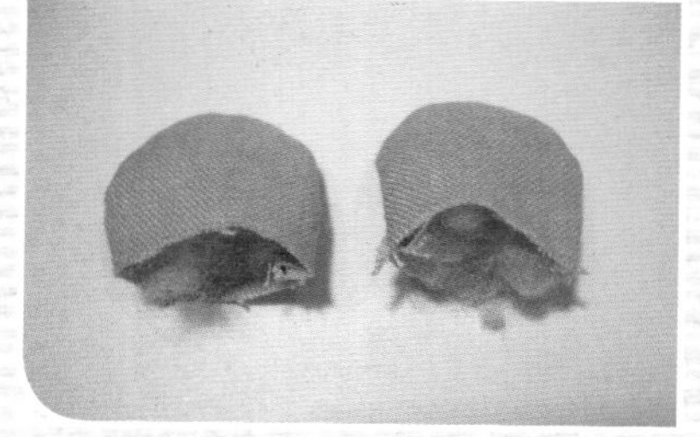

3 翻正后填充少许PP棉。

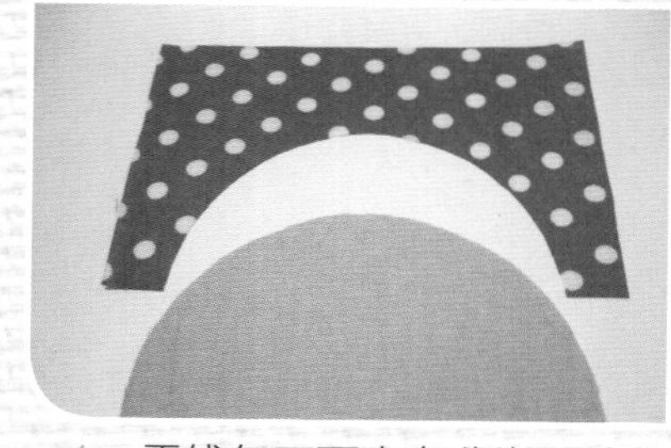

4 零钱包正面表布分为两片。

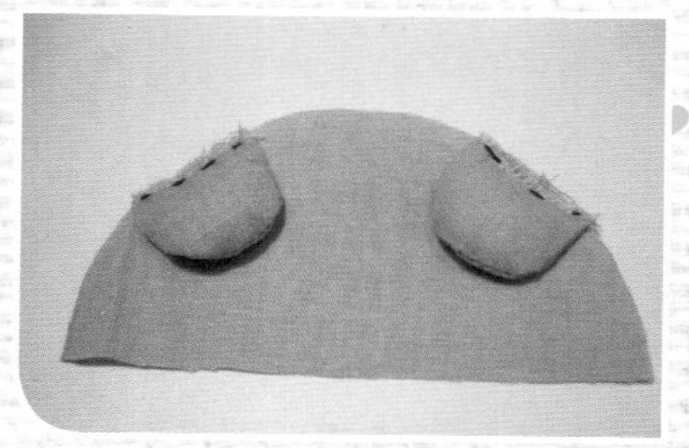

5 将耳朵缝制在脸片合适的位置。

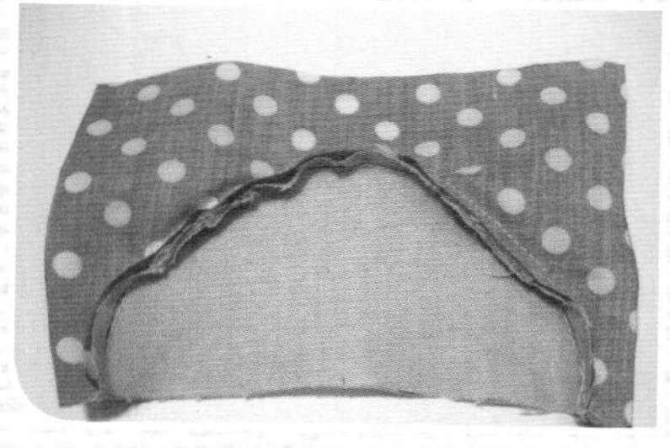

6 如图将脸片和表布缝合。

7 缝制好的表布和铺棉重叠铺平后，周围用线固定一圈后，将多余的铺棉剪掉。

8 裁出一片零钱包的后面表布。

9 表布和铺棉重叠铺平后，周围用线固定一圈，将多余的铺棉剪掉。

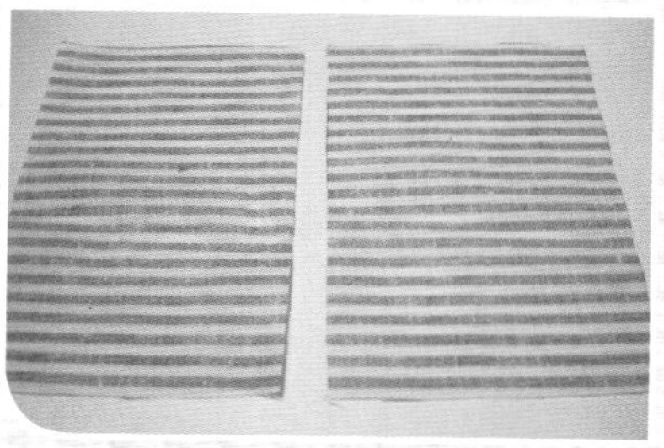

10 剪出两片和表布同样尺寸的里布。

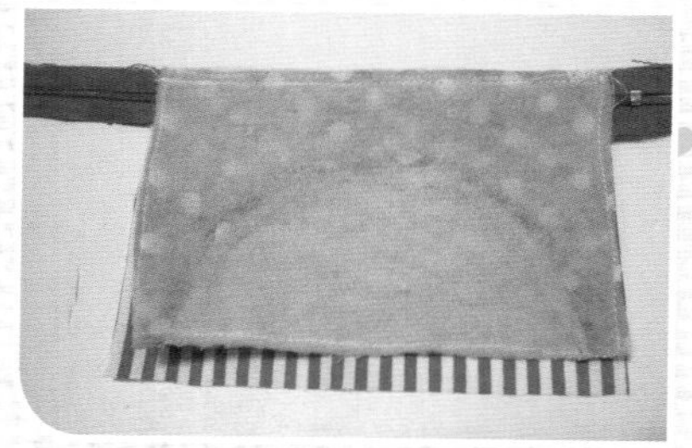

11 如图将表布、拉链和里布对齐缝在一起，注意拉链的正面朝着表布。

12 同样的方法把另一个表布、拉链和里布缝在一起。

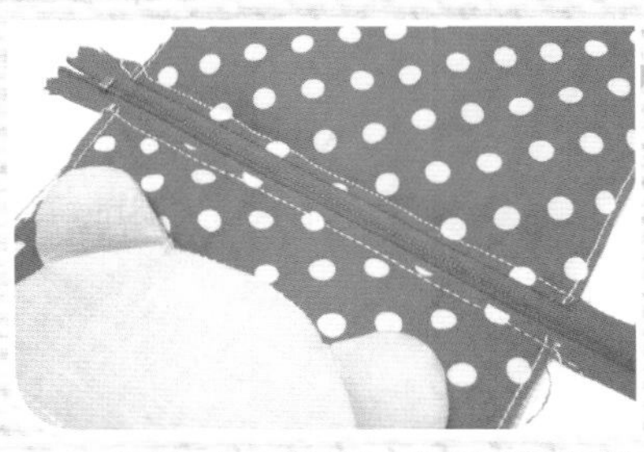

13 如图铺平后在拉链两侧缝宽2mm的明线。

14 如图表布正面相对，里布正面相对，缝合一圈，在里布上留3~4cm的翻口。

15 翻正后将里布的翻口缝合。

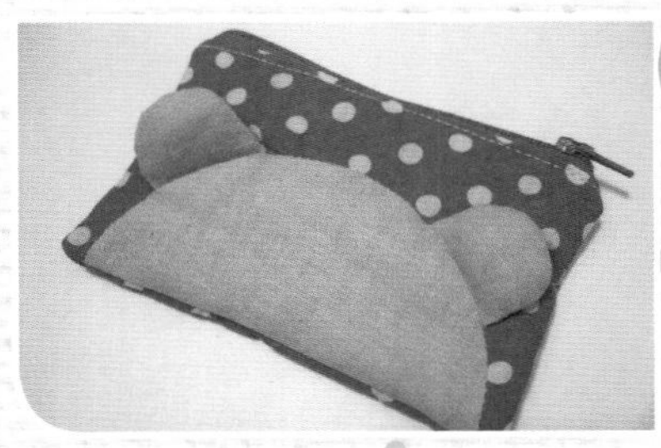

16 将里布塞进袋内拉好拉链。

17 将眼睛缝制在合适的位置，用黑色线绣出小熊的嘴巴。

No.8

1 首先剪出4片耳朵。

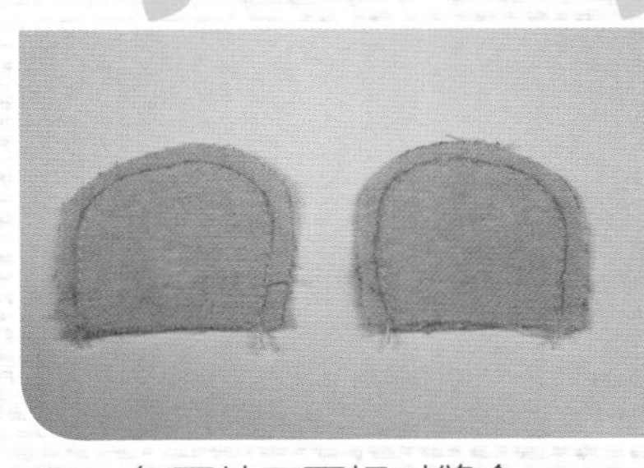

2 每两片正面相对缝合。

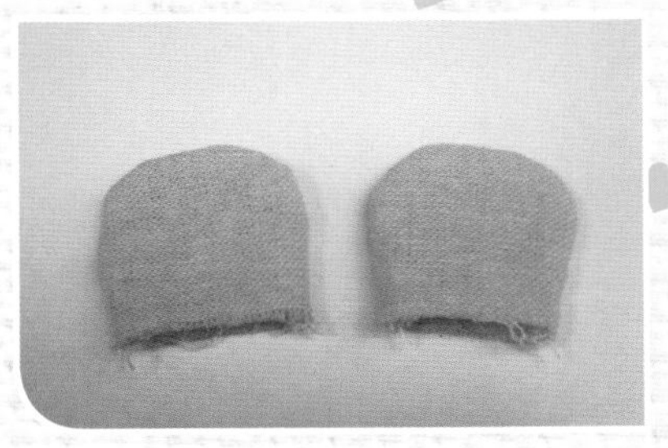

3 耳朵翻正的样子。

4 剪出脸片和身体片。

5 将脸片和身体如图缝合。

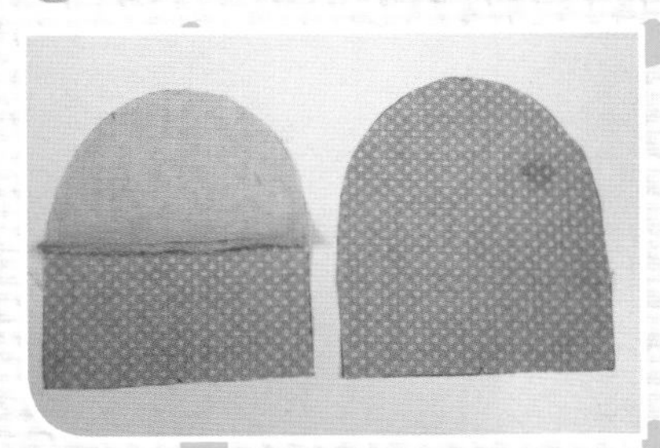

6 如图剪出一片里布。

7 每片表布和里布如图缝合留出翻口。

8 翻正的样子。

9 取一小段花边缝制在缝纫线间。

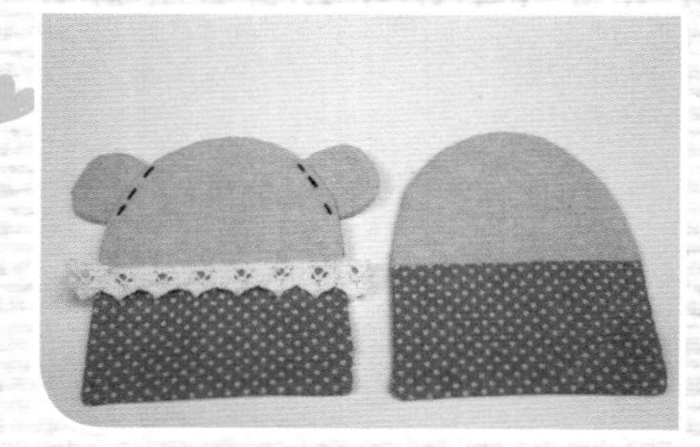

10 如图将耳朵固定在合适的位置。

11 两片相对用藏针法缝合，头顶留1cm小口，然后将固定耳朵的黑线拆掉。

12 缝制好的样子。

13 用黑色线绣出鼻子和嘴巴。

14 如图所示按上眼睛。

15 翻正的样子。

16 用黑色线绣出眼眉。

17 在身体底边缝制明线。

18 如图系一个钥匙圈从头顶抽出串上一颗小木珠，然后将绳打结，这样小熊钥匙包就完工了。

No.9

小鸡钥匙包

图纸：第123页

材料

黄色点点布	20cm×25cm
粉色格子布	5cm×10cm
橘黄色格子布	20cm×30cm

辅料

铺棉	20cm×25cm
黑色纽扣	1对
棕色腊绳	40cm
PP棉	50g
木珠	1颗
钥匙圈	1个

1 剪出身体的表布和里面各2片。

2 如图将表布、里布、铺棉重叠铺平。

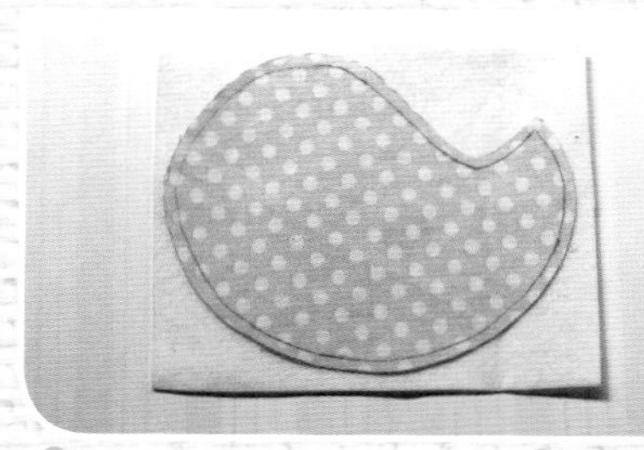

3 重叠后用水消笔在表布上画上缝纫线。

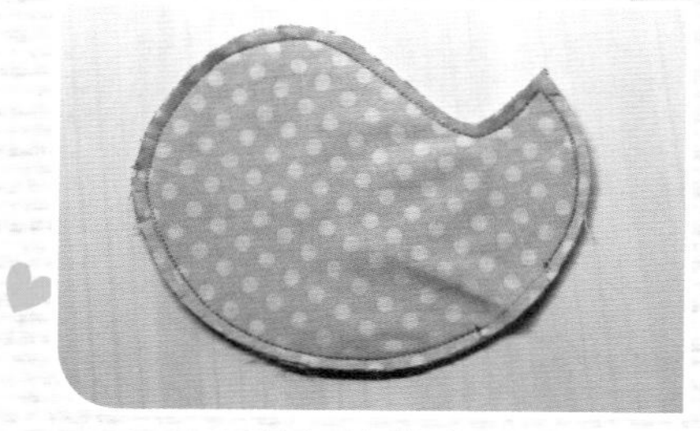

4 按照缝纫线缝合，留一个翻口并将多余的布边剪掉。

5 翻至正面。

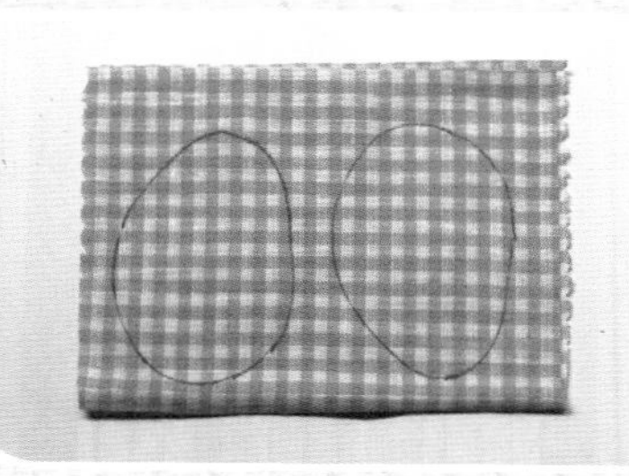

6 将一块长方形布片对折用水消笔画出翅膀的形状。

7 按照缝纫线缝合一圈，留一个翻转口并将多余的布边剪掉。

8 将一块长方形布片对折用水消笔画出嘴巴的形状。

9 按照缝纫线缝合半圆，留翻转口。

10 将缝制好的嘴巴，翅膀翻转过过来。

11 嘴巴填充少许PP棉。

12 如图将翅膀缝制在身体合适的位置。

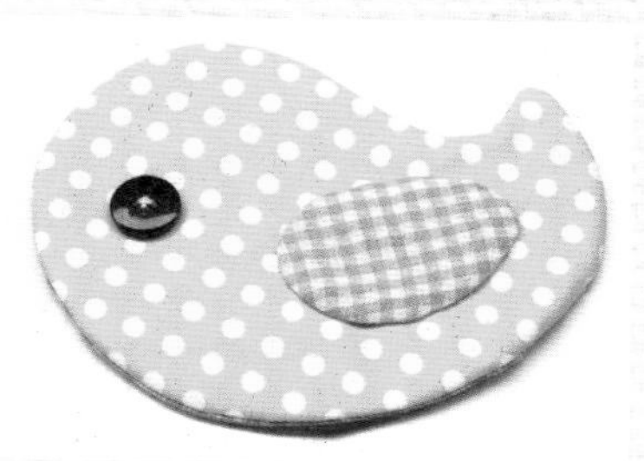

13 黑色纽扣缝制在头部合适的位置做眼睛。

14 将身体两片如图对齐缝合。头顶和身体底部留口。

15 身体缝制好的样子。

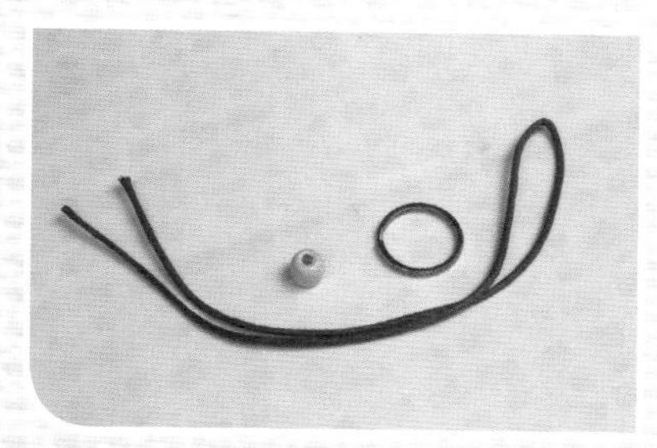

16 准备1根绳，一个钥匙圈，一颗木珠。

17 如图将钥匙圈系在绳上，从身体底部穿至头顶串上木珠，然后打结。就完成了。

✂ No.10

小熊手机袋

图纸：第117页

材料	
素色棉麻布	15cm×15cm
素色点点棉麻布	15cm×20cm
素色印花棉麻布	15cm×20cm
咖啡色点点纯棉布	15cm×30cm

辅料	
铺棉	15cm×30cm
花边	25cm
黑色眼睛	1对
白色塑料暗扣	1副

1 如图剪出两片布片。

2 将两片布片如图缝合。

3 取一段花边固定在缝纫线上。

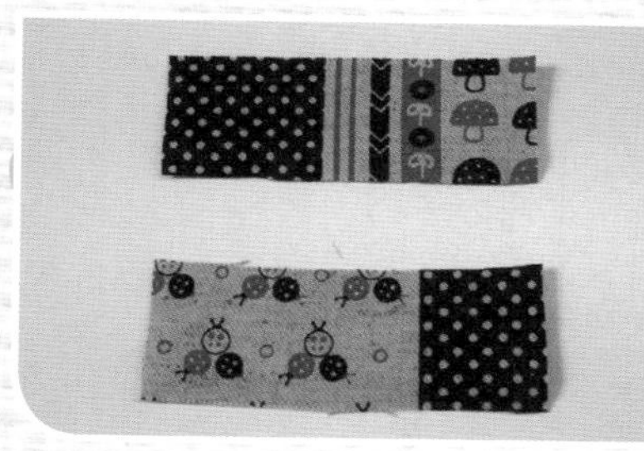

4 剪出两片长方形布条。

5 正面相对缝合留约3cm的翻口，将布条翻正。

6 如图固定在熊头中间。

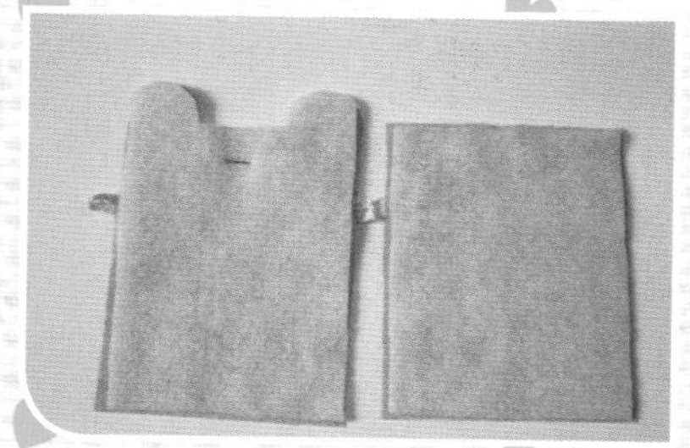

7 剪出一片长方形布片，分别铺上铺棉。

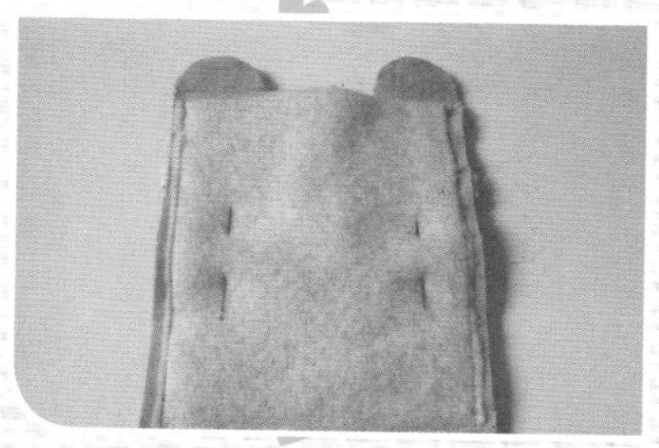

8 正面相对将两侧缝合。

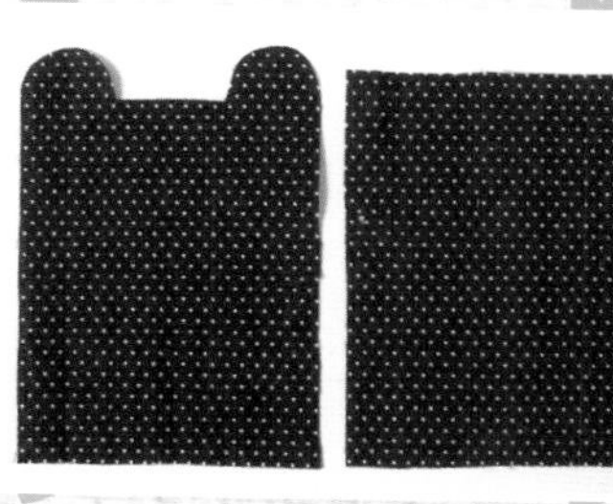

9 准备两片与表布形状相同的里布。

10 正面相对将两侧缝合。

11 将缝好的里布翻正。

12 如图从袋口将里布放进去。

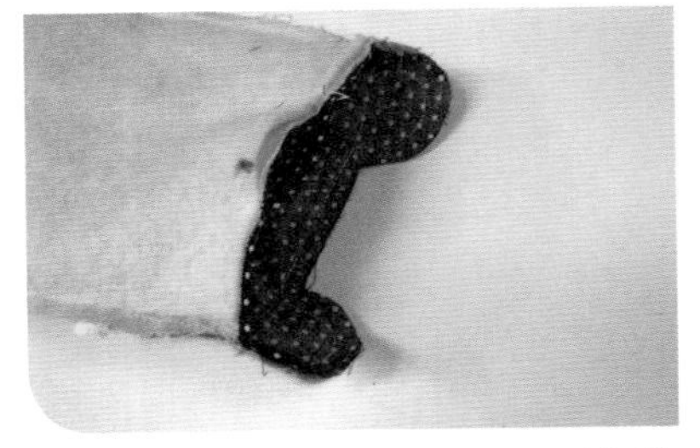

13 将里布放进去后沿边缝合，留3cm的翻口。

14 翻至正面。

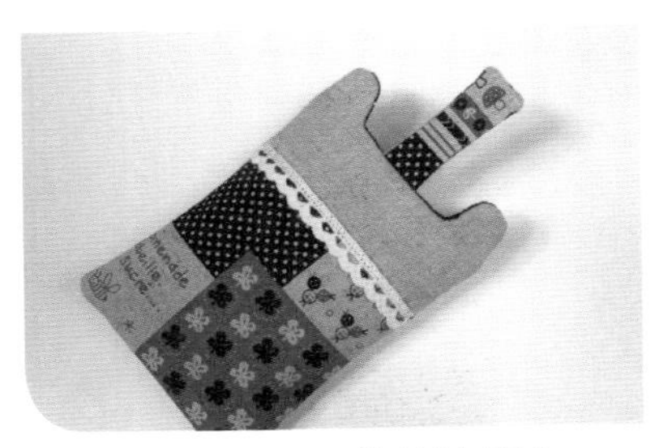

15 将翻口用藏针法缝合。

16 翻正后按上眼睛比绣出鼻子和嘴线。

17 如图分别缝制上白色暗扣。

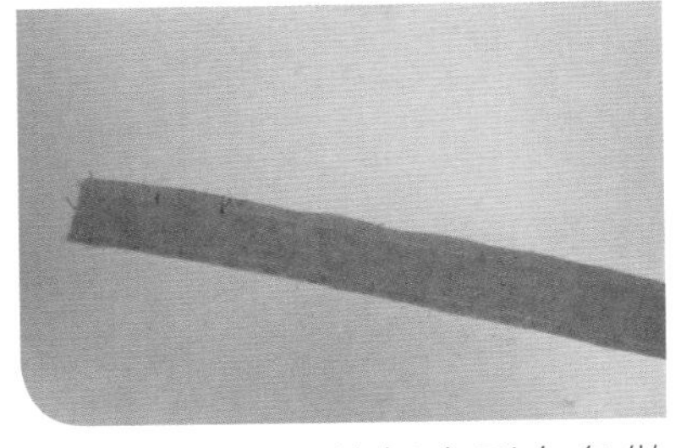

18 剪出两片长方形布条做包带，正面相对缝合留出翻口。

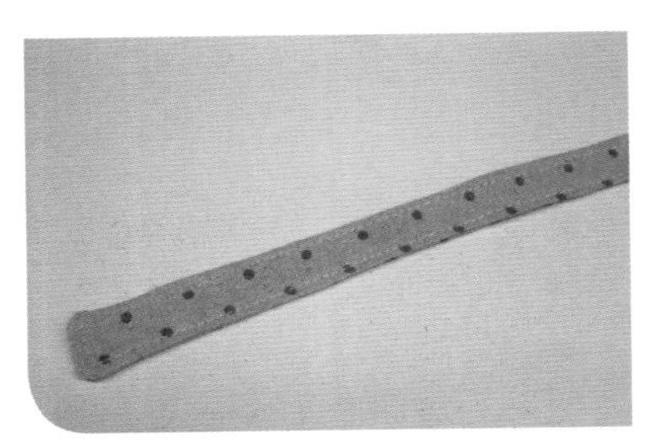

19 翻面后用藏针法将翻口缝合。

20 如图将包带缝制在包的两侧，钉上两颗小扣子做装饰。

21 小熊手机袋就完成了。

Part 2

玩偶帮你忙

枕头、护腕、书套、收纳、围嘴……
它们不只是可爱，
更是无所不能的超能干小布偶

✂ No.11
绵羊枕

图纸：第118页

材料
白色羊羔绒 50cm×100cm
咖啡色短毛绒 40cm×40cm
玫红色棉布 10cm×15cm

辅料
珍珠棉 350g
黑色眼睛 1对
浅蓝色、玫红色彩带 各1小段

1 2片咖啡色绒布正面对在一起铺平，按图纸在布的反面画出四肢。

2 沿线缝制，留出缝弧形部分，缝完后留4mm缝份再将多余的布边剪掉。

3 将翻正的四肢填充少许珍珠棉。

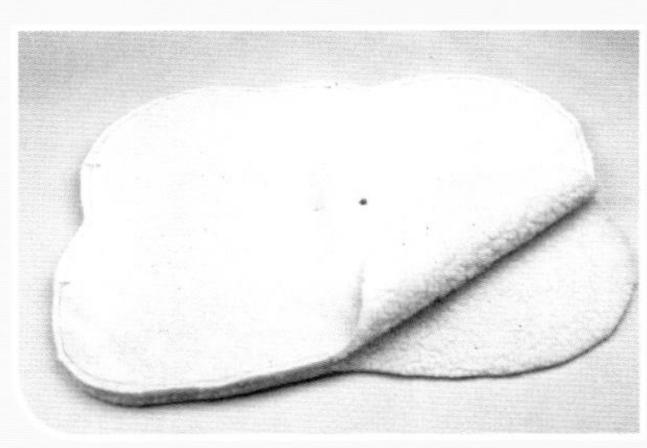

4 按图纸剪出两片抱枕的身体片。

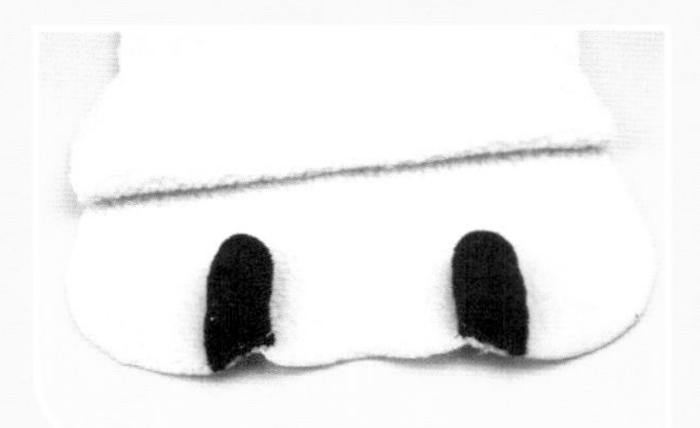

5 如图将两条腿缝制在其中一片身体片上。

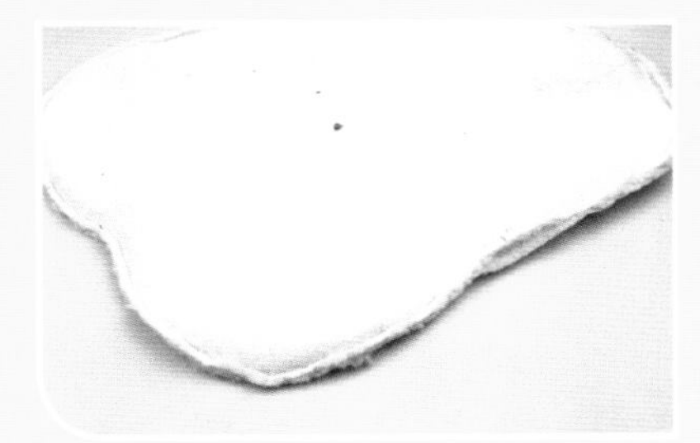

6 两片身体正面对在一起缝合一圈，并留出4~5cm的翻口。

7 身体翻至正面。

8 一块棉布和一块绒布正面相对铺平后按图纸画出两只耳朵的形状。

9 沿着线缝制，缝完后留4mm缝份，再将多余的布边剪掉。

10 耳朵翻至正面。

11 将耳朵的一边向中间折叠后固定。

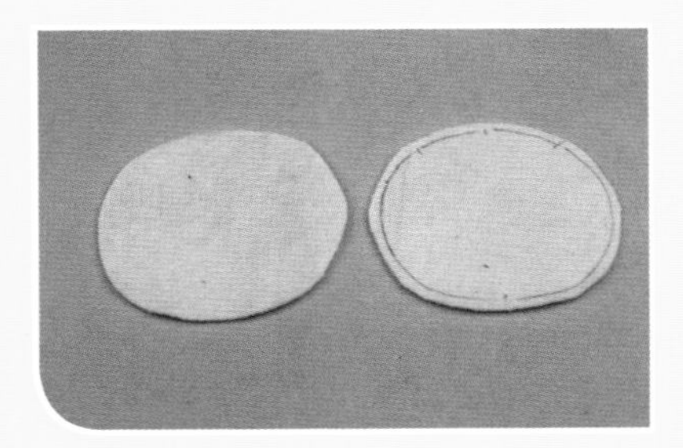

12 裁出两片头片。

13 将耳朵缝制在其中一片上，注意对好牙点避免缝歪。

14 将两片头片正面相对缝合一圈后在脖子处留3~4cm的翻口。

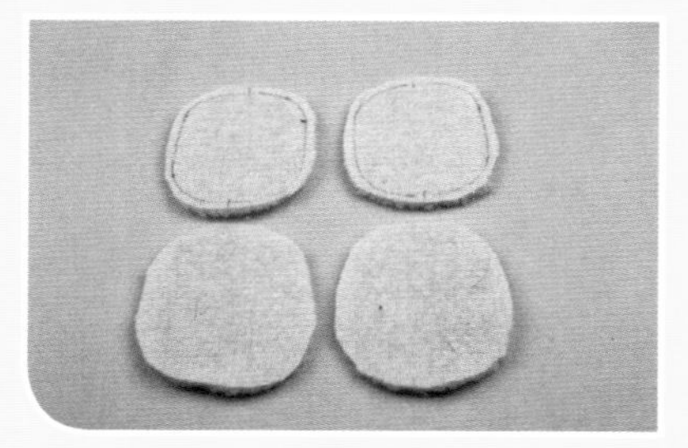

15 剪出4片胳膊。

16 将之前缝好的羊腿如图缝制在羊羔绒的胳膊片上。

17 将两片羊羔绒胳膊片正面相对缝合一圈并留出3~4cm的翻口。

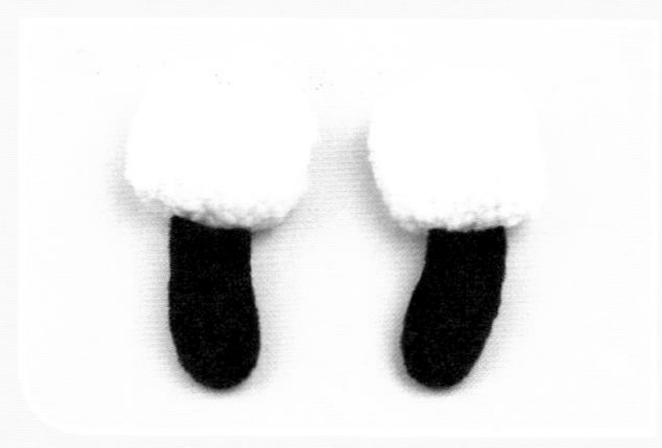

18 胳膊翻正后填充足够的珍珠棉，将翻口缝合。

19 将头部填充足够的珍珠棉后用藏针法将翻口缝合。

20 如图将眼睛缝制在脸部合适的部位。

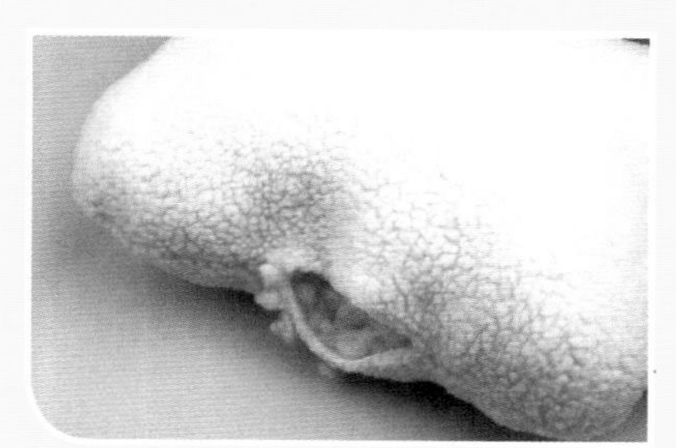

21 身体填充足够的珍珠棉，然后用藏针法将翻口缝合。

22 绣出羊的嘴线然后将绵羊头缝制在身体合适的位置。

23 将胳膊缝制在身体合适的位置，在脖子处系一个蝴蝶结，可爱的绵羊抱枕就完工了。

✂ No.12

企鹅鼠标护腕

图纸：第119页

材料 蓝色超柔短毛绒 25cm×30cm
白色超柔短毛绒 25cm×50cm
黄色超柔短毛绒 15cm×20cm

辅料 PP棉 150g

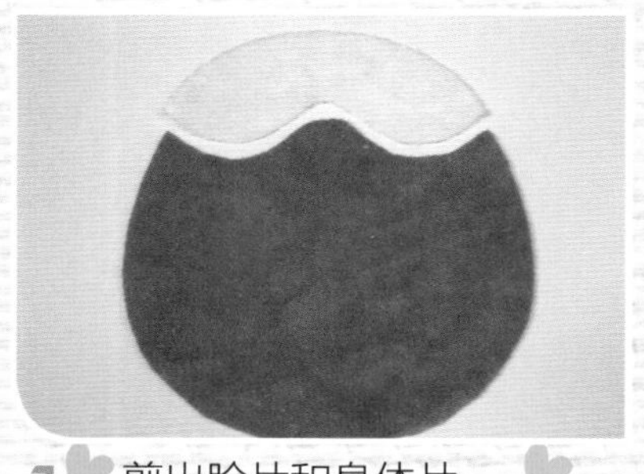
1 剪出脸片和身体片。

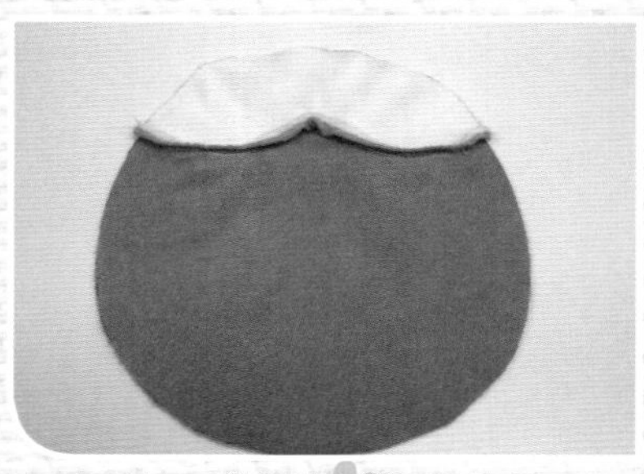
2 将两片布片如图缝合在一起。

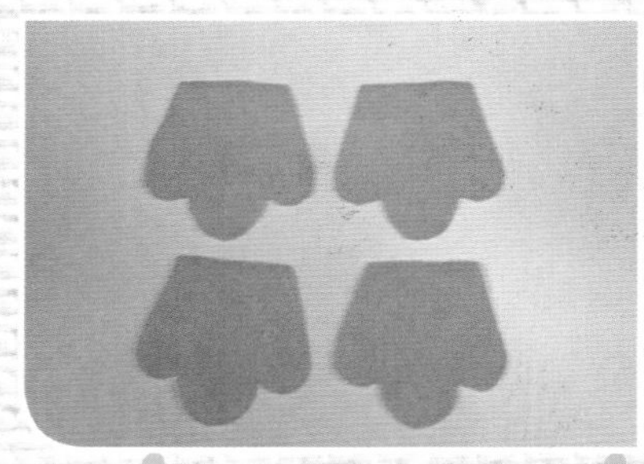
3 剪出4片脚片。

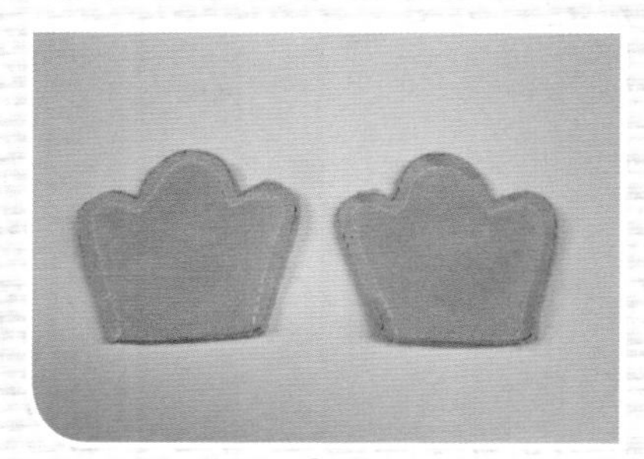
4 每两片正面相对缝合。

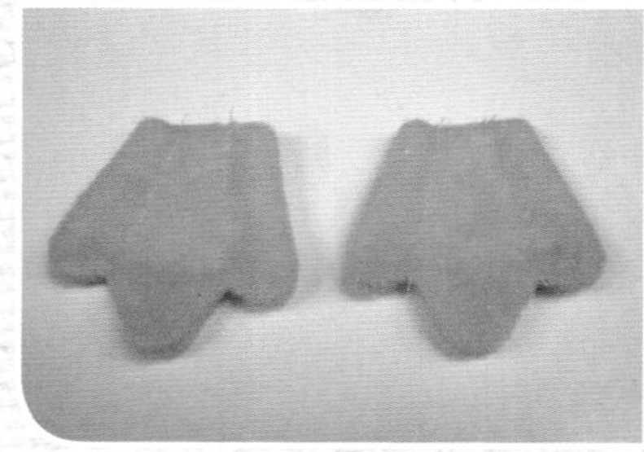
5 翻口后如图缝制明线。

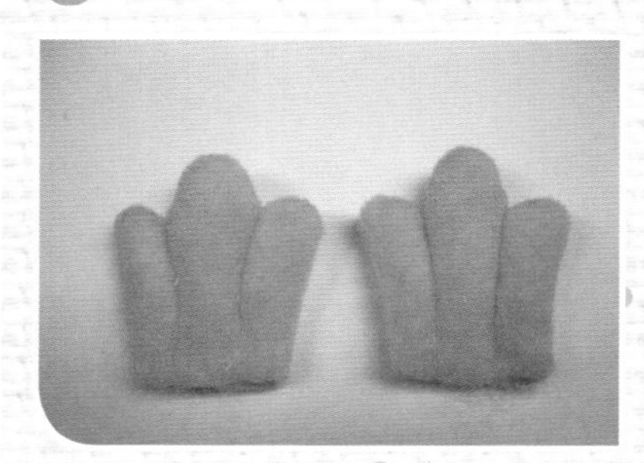
6 将脚掌填充少许PP棉。

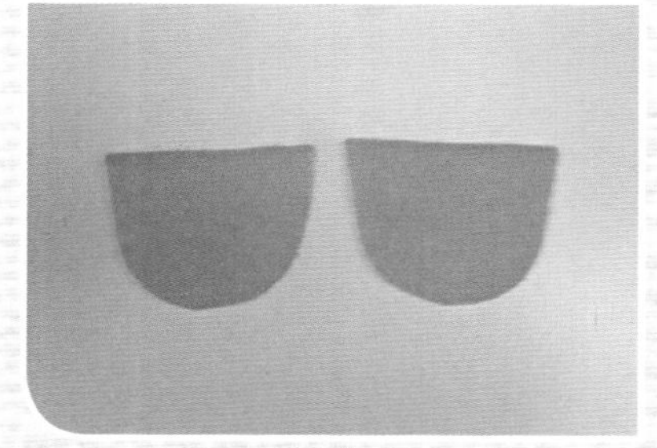
7 剪出两片嘴片。

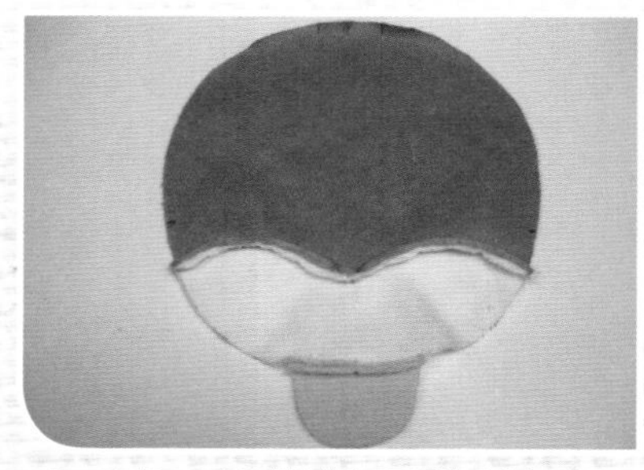
8 将一片嘴片如图缝制在合适的位置。

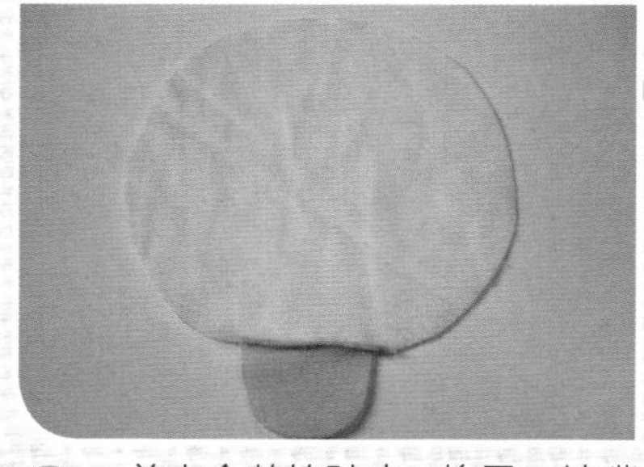
9 剪出企鹅的肚皮，将另一片嘴片如图缝合在合适的位置。

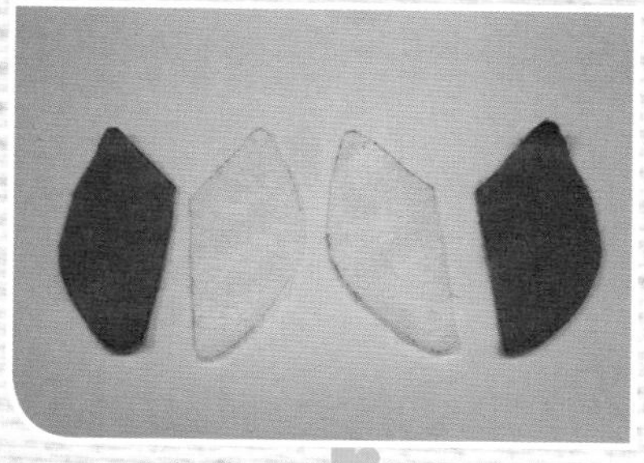
10 剪出4片企鹅的翅膀。

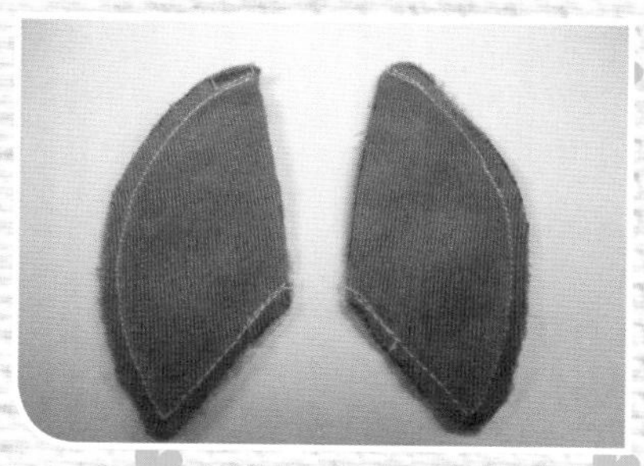
11 每两片正面相对缝合。

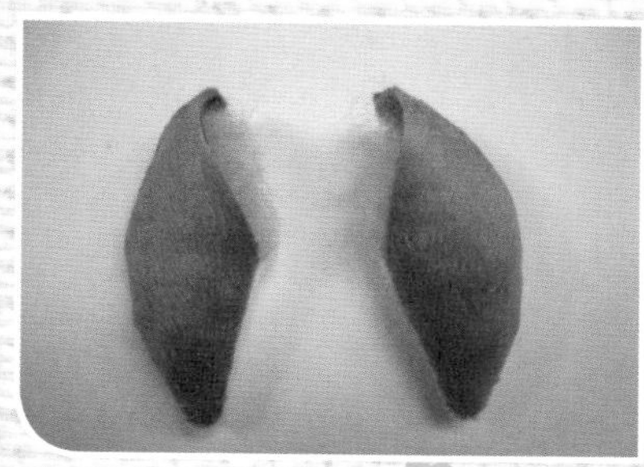
12 翻正后填充足够的PP棉。

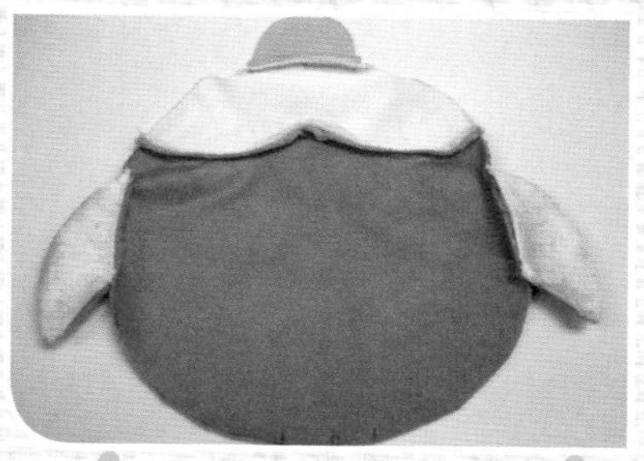
13 将翅膀固定在身体的两侧。

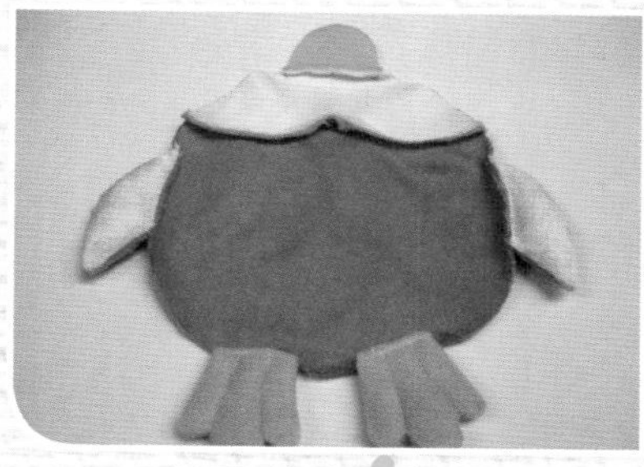
14 如图将脚掌固定在合适的位置。

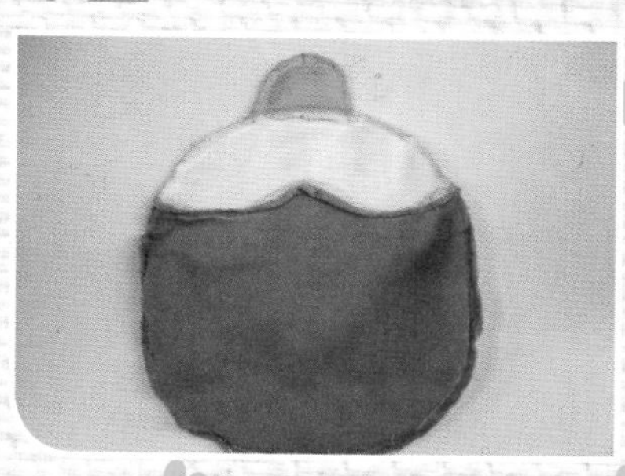
15 身体和肚皮正面相对缝合留翻口。

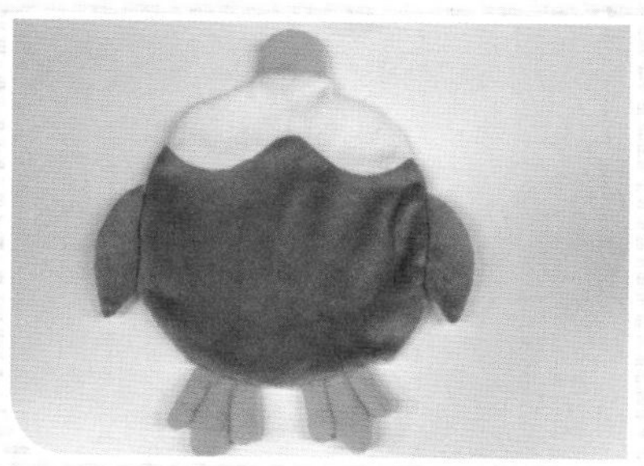
16 翻至正面的样子。

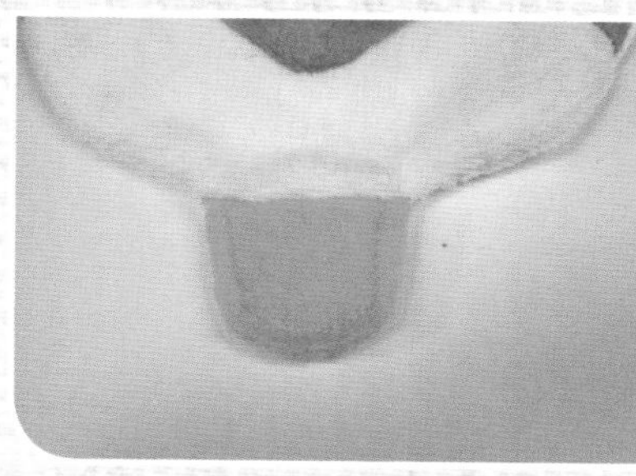
17 如图将嘴巴压缝明线。

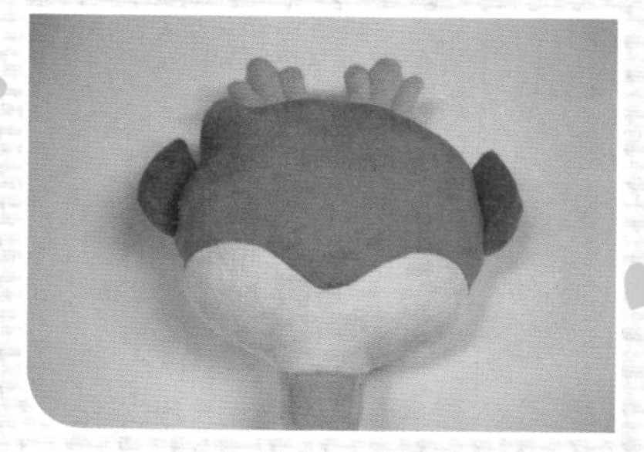
18 将身体均匀地填充足够的PP棉。

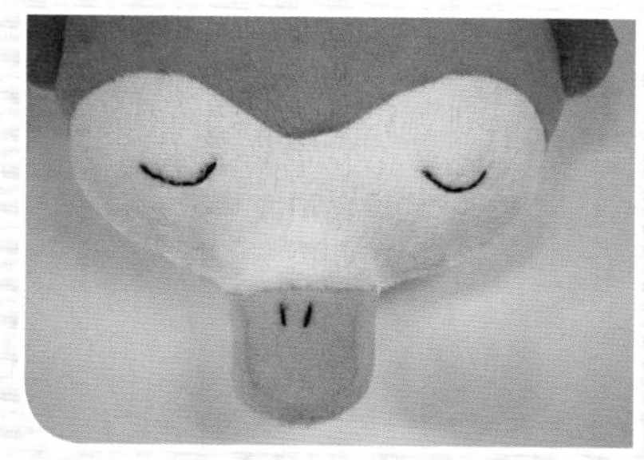
19 用黑色线绣出眼镜和鼻孔。

20 可爱的企鹅鼠标护腕就完工了。

No.13 小白熊日记本套

图纸：第123页

材料	红色点点布	30cm × 60cm
	粉色格子布	30cm × 60cm
	白色羊羔绒	20cm × 30cm
辅料	PP棉	50g
	黑色纽扣	1对
	腮红	

1 准备30cm × 22cm的表布和里布各一片（根据日记本的尺寸裁）。

2 正面相对缝合，留出翻口。

3 翻正后把翻口用藏针法缝合。

4 如图铺平对折。

5 将边缝制宽2mm的明线。

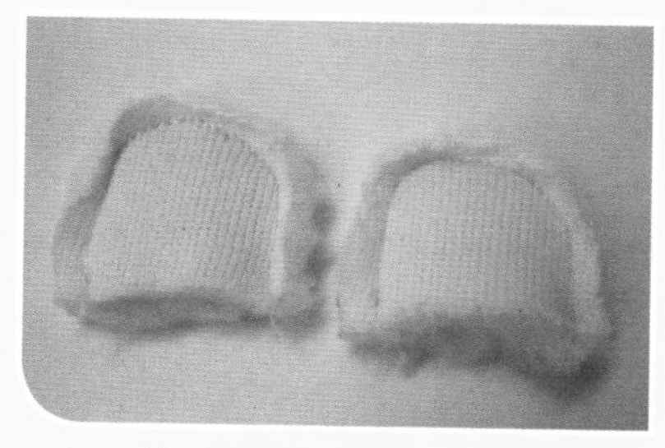

6 剪4片熊熊耳朵，每两片正面相对缝合。

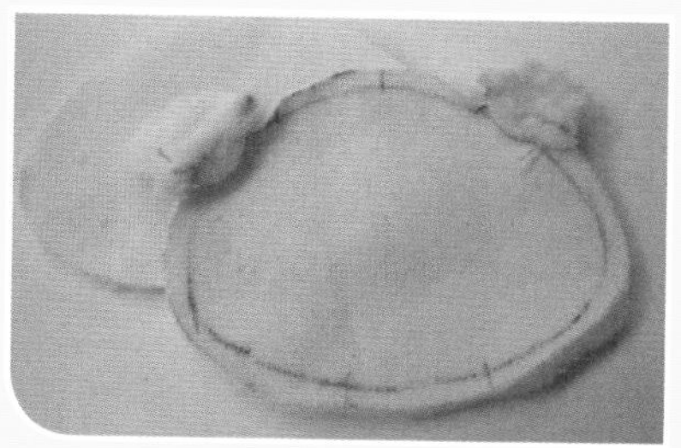

7 头分两片，将耳朵固定在合适的脸片上。

8 如图两片正面相对缝合留3-4cm的翻口。

9 头部翻至正面填充PP棉后，将翻口缝合。

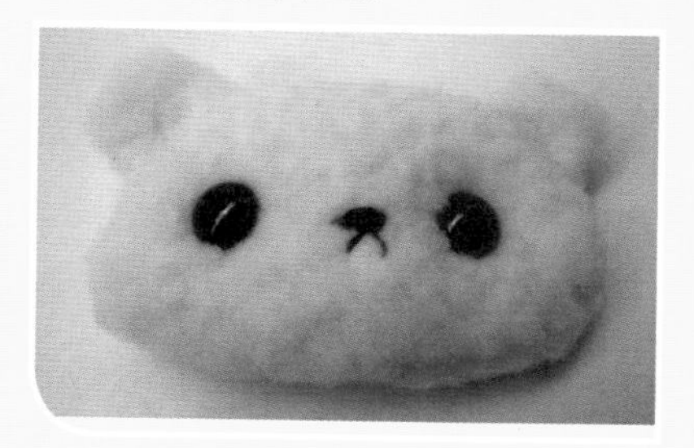

10 如图给小熊缝上眼睛，绣出鼻子嘴巴。

11 将小熊头缝制在笔记本合适的位置（为了省事可以直接用胶枪粘上去）。

12 缝制上可爱的标签。

13 美美的日记本套就做好了。

No.14
小熊头针插

图纸：第130页

材料	素色棉麻布	6cm×10cm
	红色点点布	10cm×10cm
辅料	PP棉	50g
	黑色小眼珠	1对

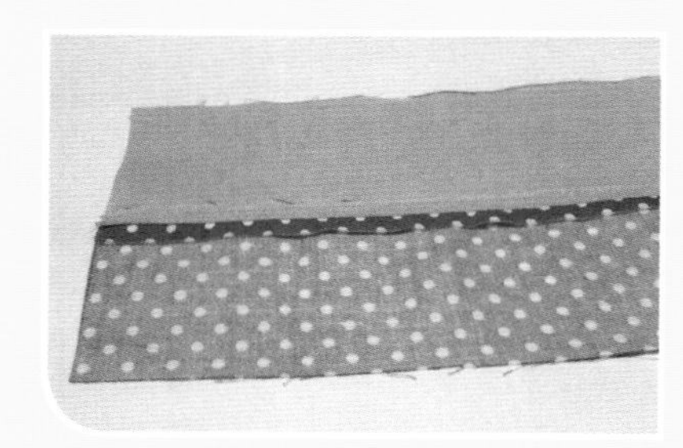

1 如图将2片布接在一起，用熨斗烫平。

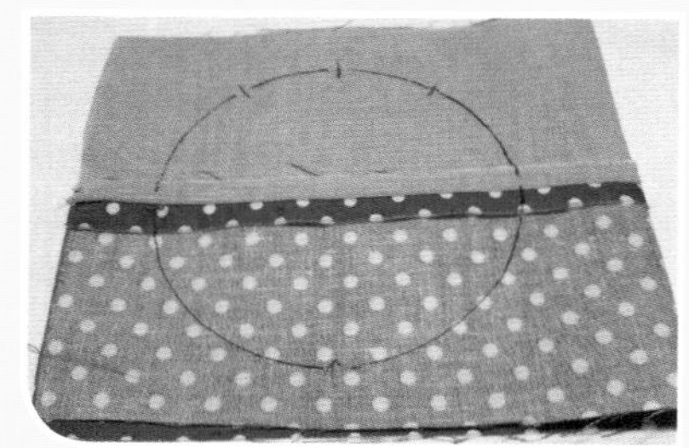

2 如图将布正面对折后画出头部。

3 用剪刀沿线剪下来。

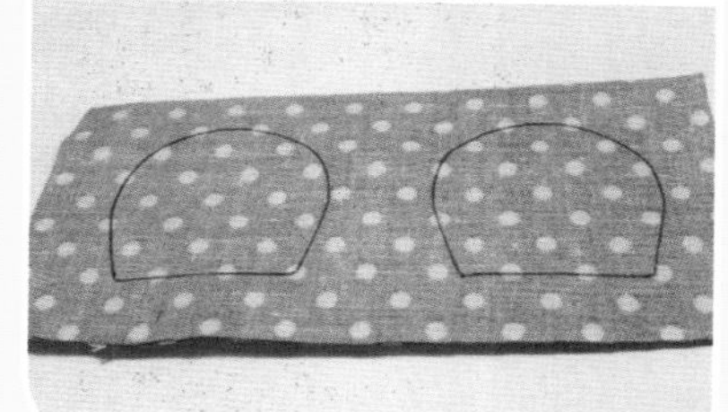

4 剪出4片耳朵。

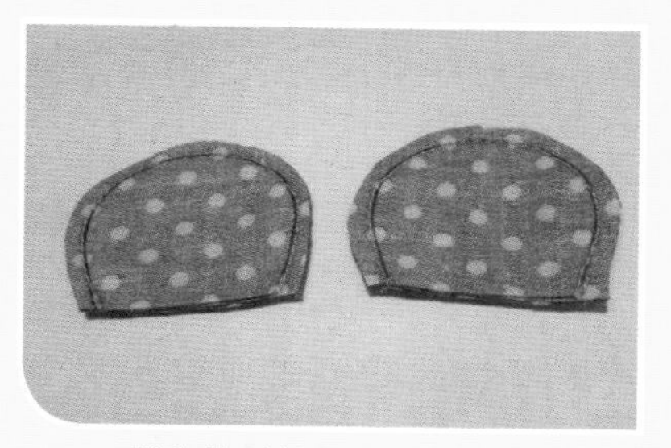

5 缝制好的耳朵。

6 耳朵翻至正面后填充少许PP棉。

7 将耳朵固定在其中一片头部片上。

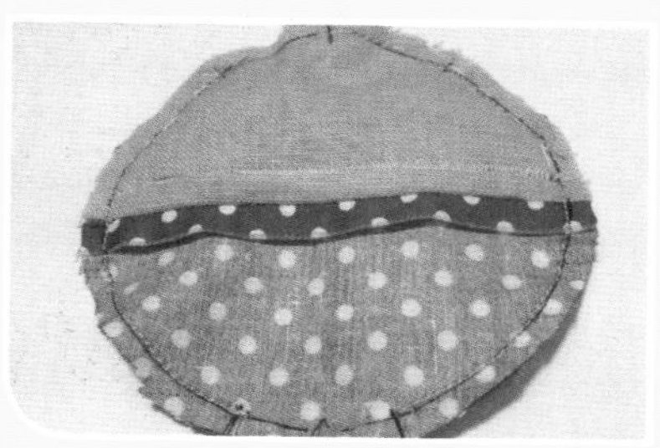

8 如图将两片头部正面相对缝合，留3-4mm的翻口。

9 头部翻至正面。

10 头部均匀填充PP棉。

11 用藏针法将翻口缝合。

12 在头部合适部位缝制眼睛和鼻子。

13 头部后面缝制上标签，也可以直接用热熔胶枪粘上。

14 可爱的小熊就缝好了。

No.15 兔装娃娃包挂

图纸：第120页

材料
白色超柔短毛绒 20cm×30cm
黑色超柔短毛绒 10cm×10cm
红色格子布 20cm×20cm
皮肤色绒布 8cm×10cm

辅料
丝带 5cm
手机挂绳 1根
黑色纽扣 2颗
腮红

1 在皮肤色布上画出娃娃的头部。

2 沿线缝合留翻口，留出一定的缝边然后剪下。

3 将缝制好的头部翻转过来，填充足够的PP棉，并将翻口缝合。

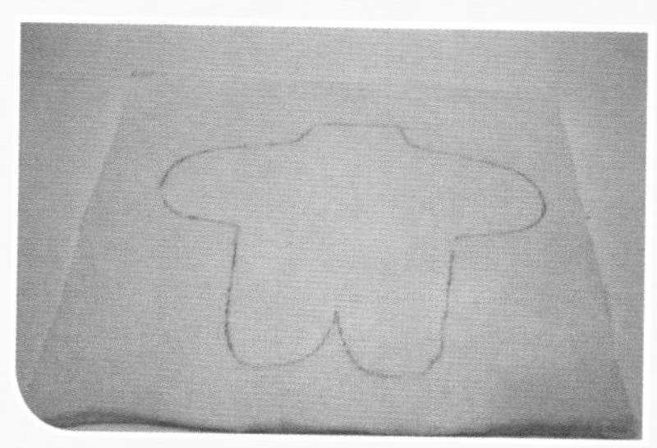

4 在白色毛绒布上画出身体。

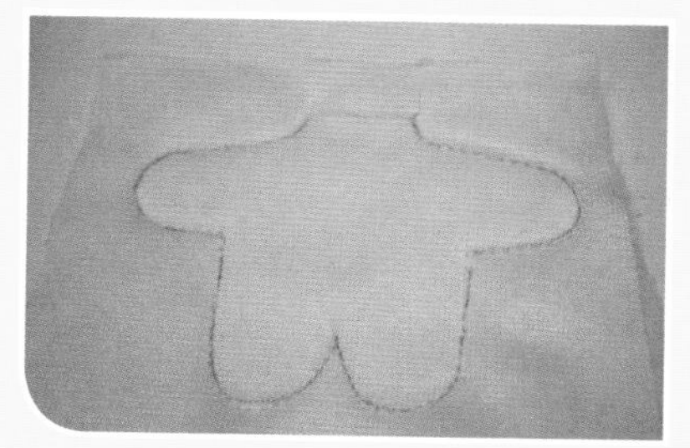

5 沿线将身体缝合，脖子处留翻口。

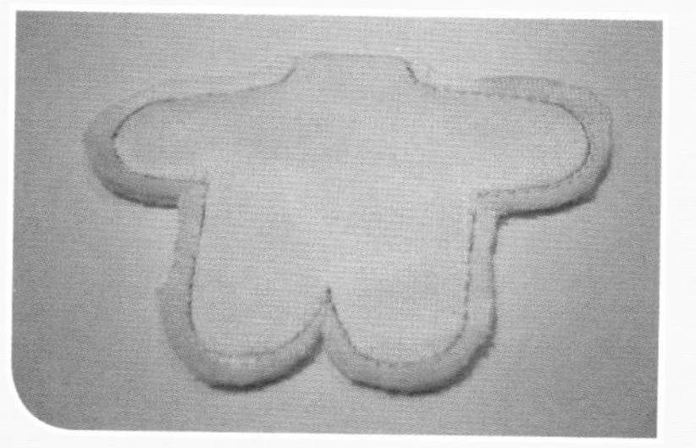

6 留出缝边后用剪刀剪下。

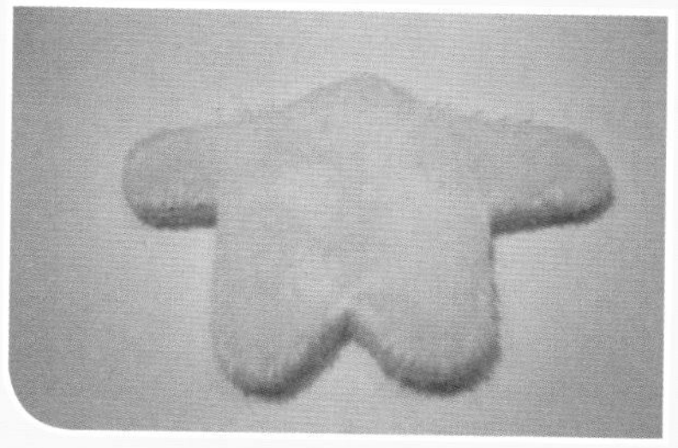

7 身体翻至正面。

8 为身体填充足够的PP棉。

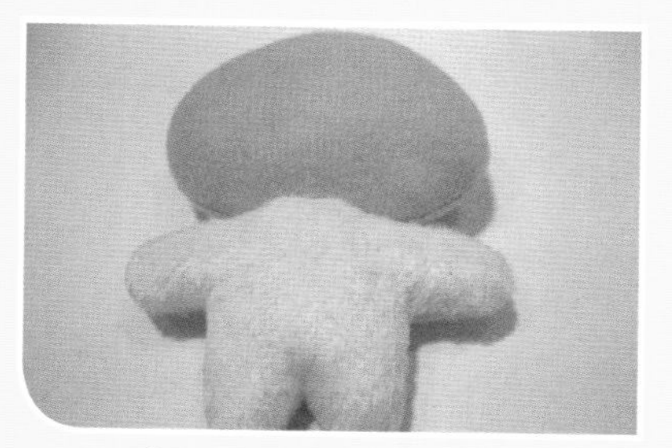

9 头和身体接合在一起。

10 剪一片长方形黑色毛绒布片做头发。

11 对折后两侧缝合，其中一侧留做翻口。

12 翻正后将头发固定在娃娃头部中间。

13 准备两颗黑色的扣子做眼睛，用白色颜料画出眼球，然后缝制在脸片合适的位置，并用黑色线绣出嘴巴。

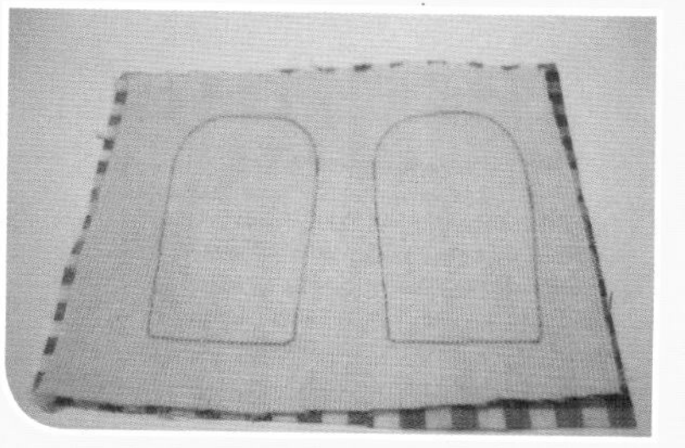

14 准备一片白色绒布和一片纯棉格子布，正面相对铺平后画出兔子耳朵。

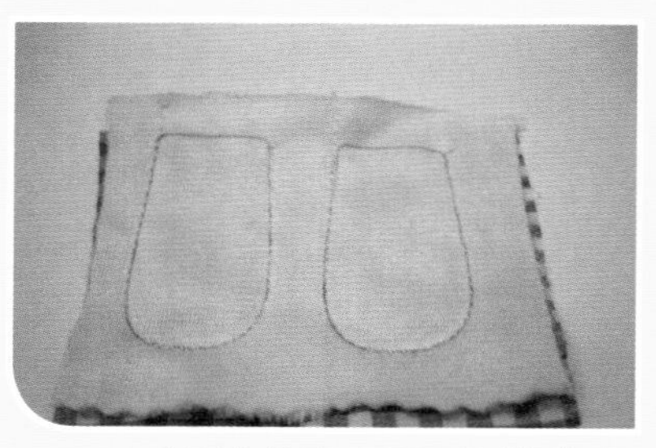

15 沿线将兔子耳朵缝合留出翻口。

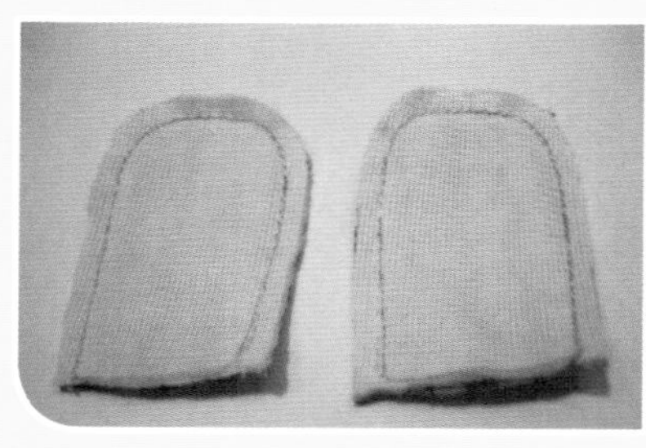

16 留出缝边后用剪刀剪下。

17 耳朵翻至正面。

18 用白色绒布和红色格子布剪出图中的半圆形布片和长方形布条。

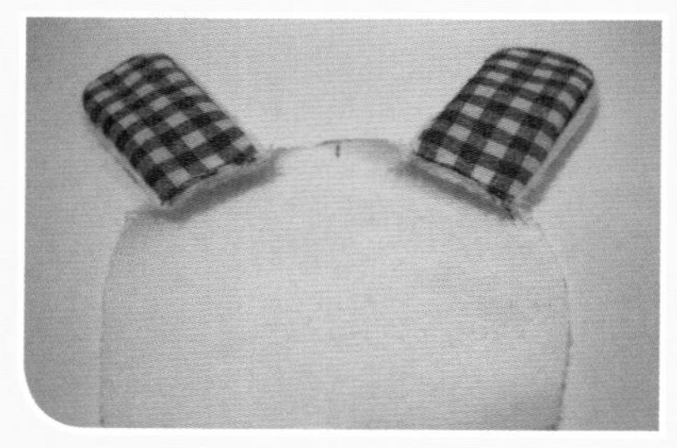

19 将缝好的耳朵固定在白色半圆片上。

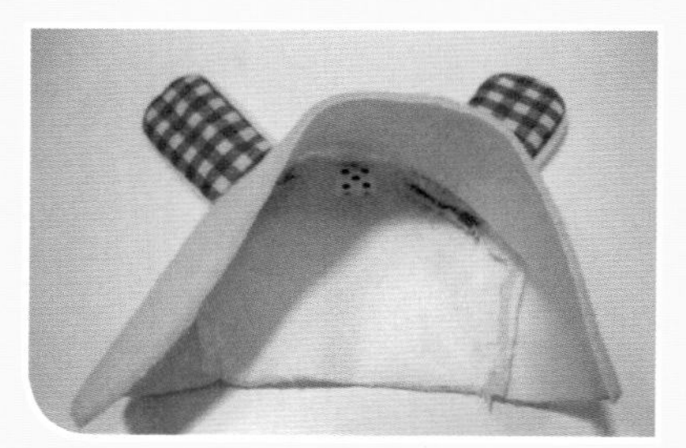

20 将长方形布片和半圆片如图缝合。帽子的大概样子就出来了。

21 然后用同样的方法缝制帽子的里子布。

22 如图将帽子的里布和表布缝合留翻转口。

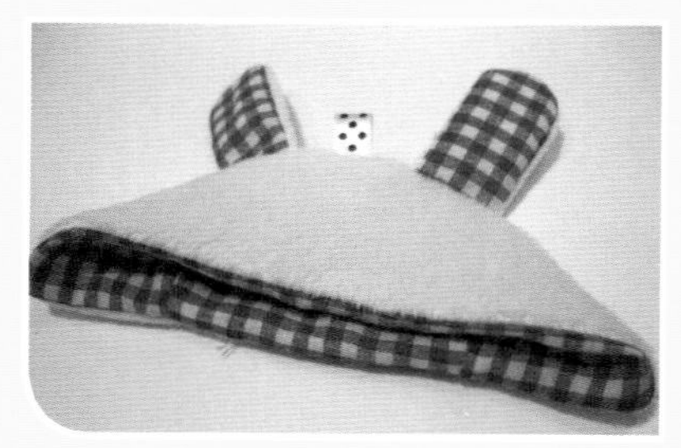

23 翻转后帽子的样子。

24 将做好的帽子缝制在娃娃头上。

25 剪出一片心形布片然后缝制在娃娃的身体上。可爱的娃娃变身小兔装就完成了。

No.16
小鸡宝宝定型枕

图纸：第121页

材料			辅料	
	黄色天鹅绒布	40cm×40cm	珍珠棉	150g
	紫色短毛绒	10cm×15cm		
	浅蓝短毛绒	10cm×15cm		
	紫色格子布	10cm×15cm		
	黄色条绒布	10cm×15cm		
	粉色不织布	10cm×10cm		
	黑色不织布	5cm×10cm		

1 首先如图将各部位裁好。

2 鸡冠分两片，两片布正面相对沿线缝制，留翻口。缝好后，翻到正面。

3 嘴巴分两片，正面相对沿线缝制，留翻口。缝好后，翻到正面。

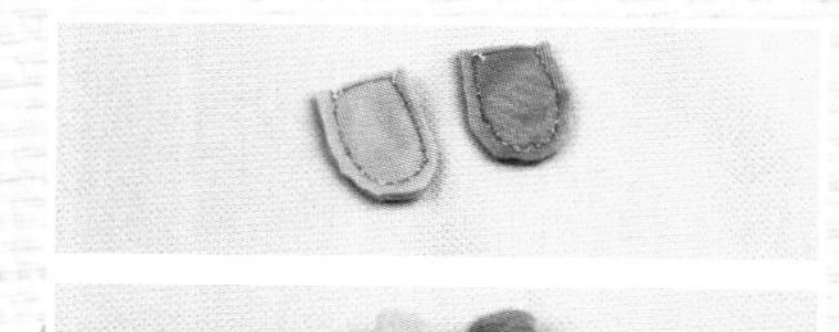

4 小尾巴分4片，相同颜色的两片正面相对缝合，留翻口。缝好后，翻到正面。

5 身体分2片，将缝好的鸡冠填充少许珍珠棉后缝制在头顶中心部位。

6 将缝好的尾巴填充少许珍珠棉后缝制在合适的位置。

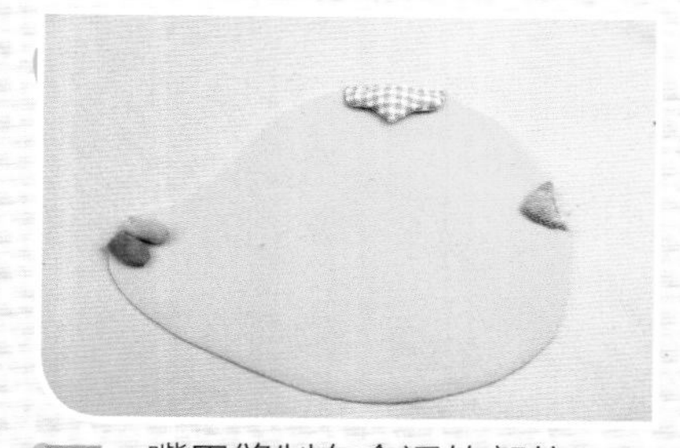

7 嘴巴缝制在合适的部位。

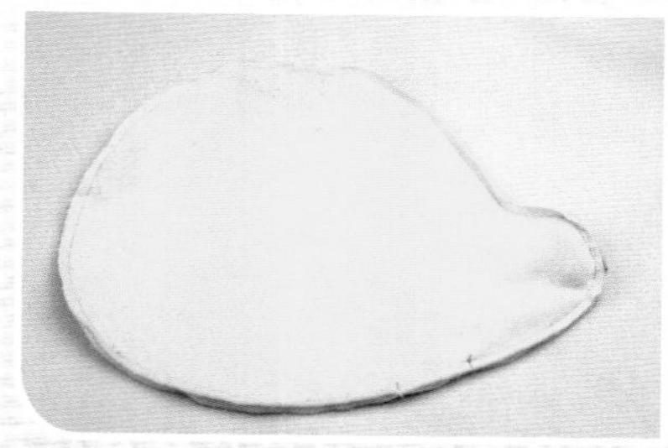

8 将身体两片正面相对缝合一圈，留出4-5cm的翻口。

9 身体缝好翻至正面。

10 在身体中心偏下的位置用水消笔画出一个直径7cm的圆形，并沿着画好的线缝制一圈。

11 将身体均匀的填充足够的珍珠棉。

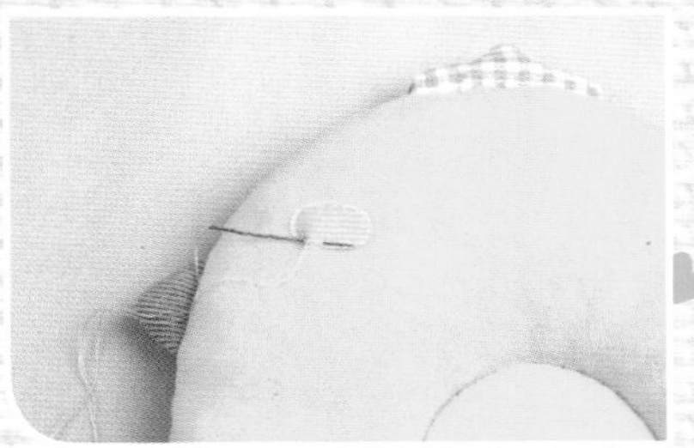

12 裁出1个粉色的椭圆形做腮红，用平针法缝制在腮部。

13 裁出1个黑色的圆形做眼睛，用平针法缝制在合适的部位。

14 腮红和眼睛缝好的样子。

15 用水消笔画出翅膀的形状。

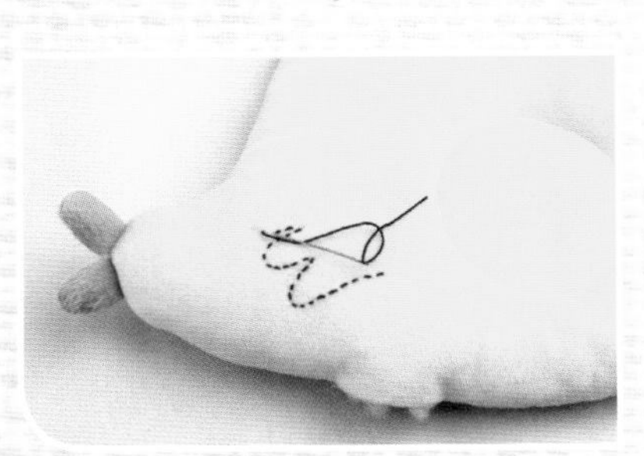

16 用平针法沿着线迹缝制。

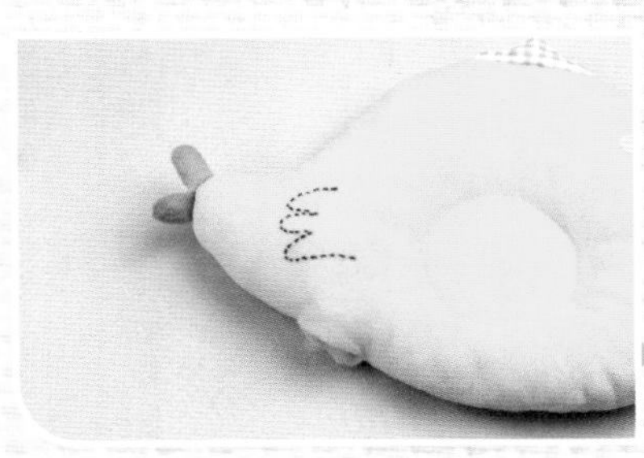

17 翅膀缝好的样子。

18 用藏针法将翻口缝合，可爱的小鸡宝宝定型枕就完工了。

✂ No.17 宝宝围兜

图纸：第122页

材料

白色棉麻布	25cm×50cm
黄色格子布	50cm×60cm
黄色不织布	10cm×10cm

辅料 浅蓝色子母扣　直径5cm，1对

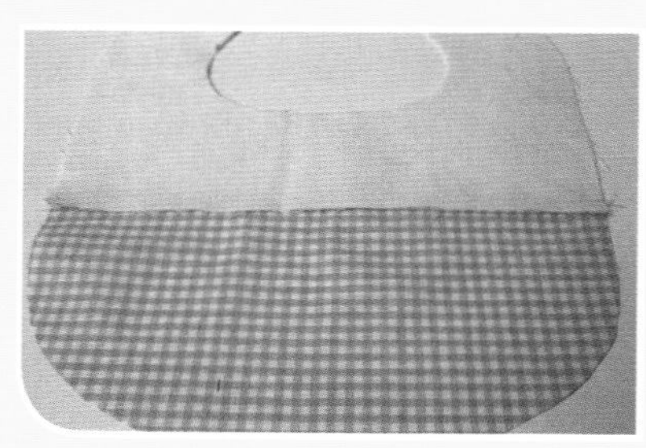

1 如图剪出两片表布，并拼缝。

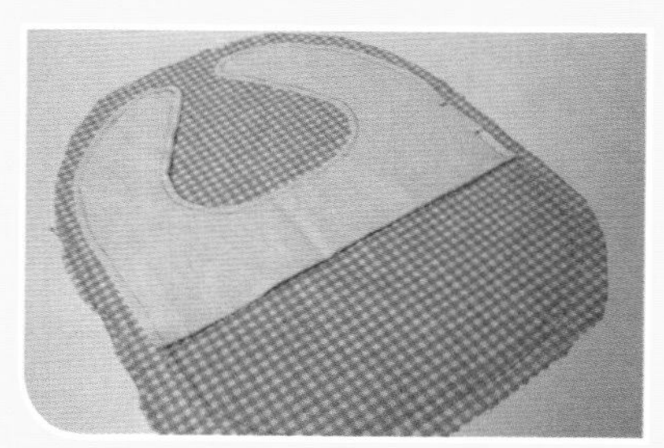

2 准备一块里布，将缝制好的表布铺在里布上。

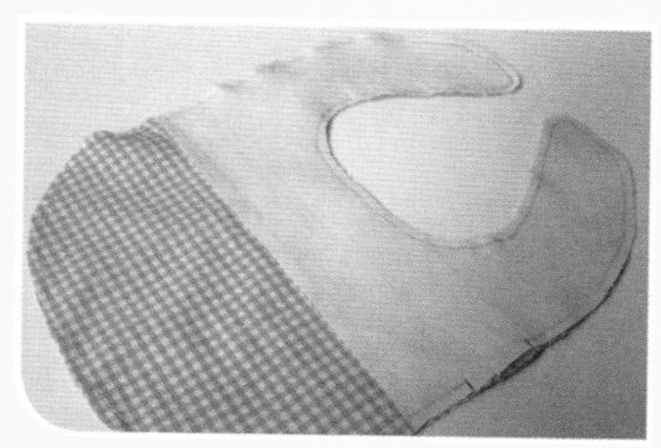

3 表布和里布铺平后沿着边缝合，留3-4cm的翻口，然后将多余的布剪掉。

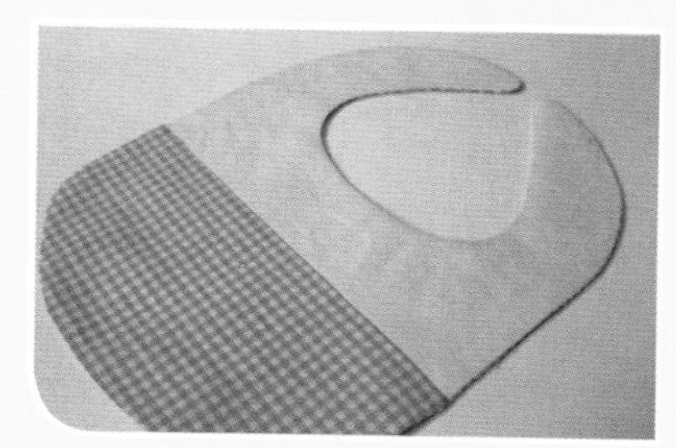

4 将围兜翻至正面。

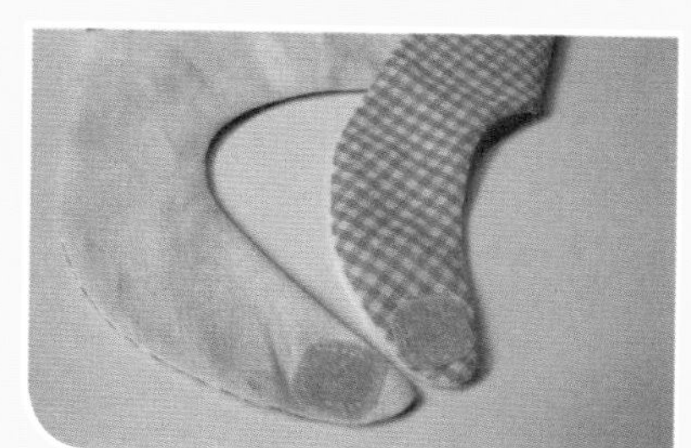

5 准备一对子母扣，如图分别将子扣和母扣缝制在围嘴两端。

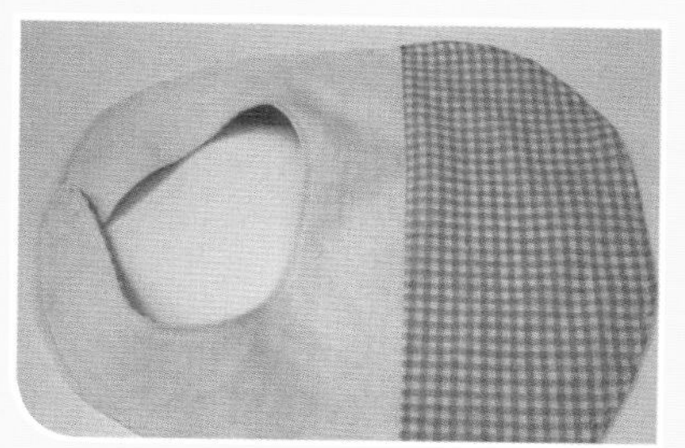

6 将准备好的标签缝制在围兜上。

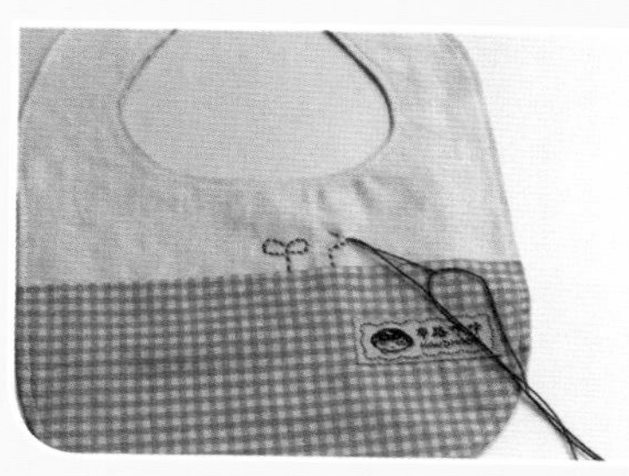

7 缝上自己准备的小标签，并用黑色线绣出可爱的小花图案。

8 剪出一片小鸭子的身体备用。

9 如图将小鸭子缝制在围兜上。

10 用水消笔画出嘴巴和脚的形状，绣好眼睛、嘴巴、脚。

11 这样可爱的宝宝围兜就完工了。

No.18
小鸡宝宝围嘴

图纸：第124页

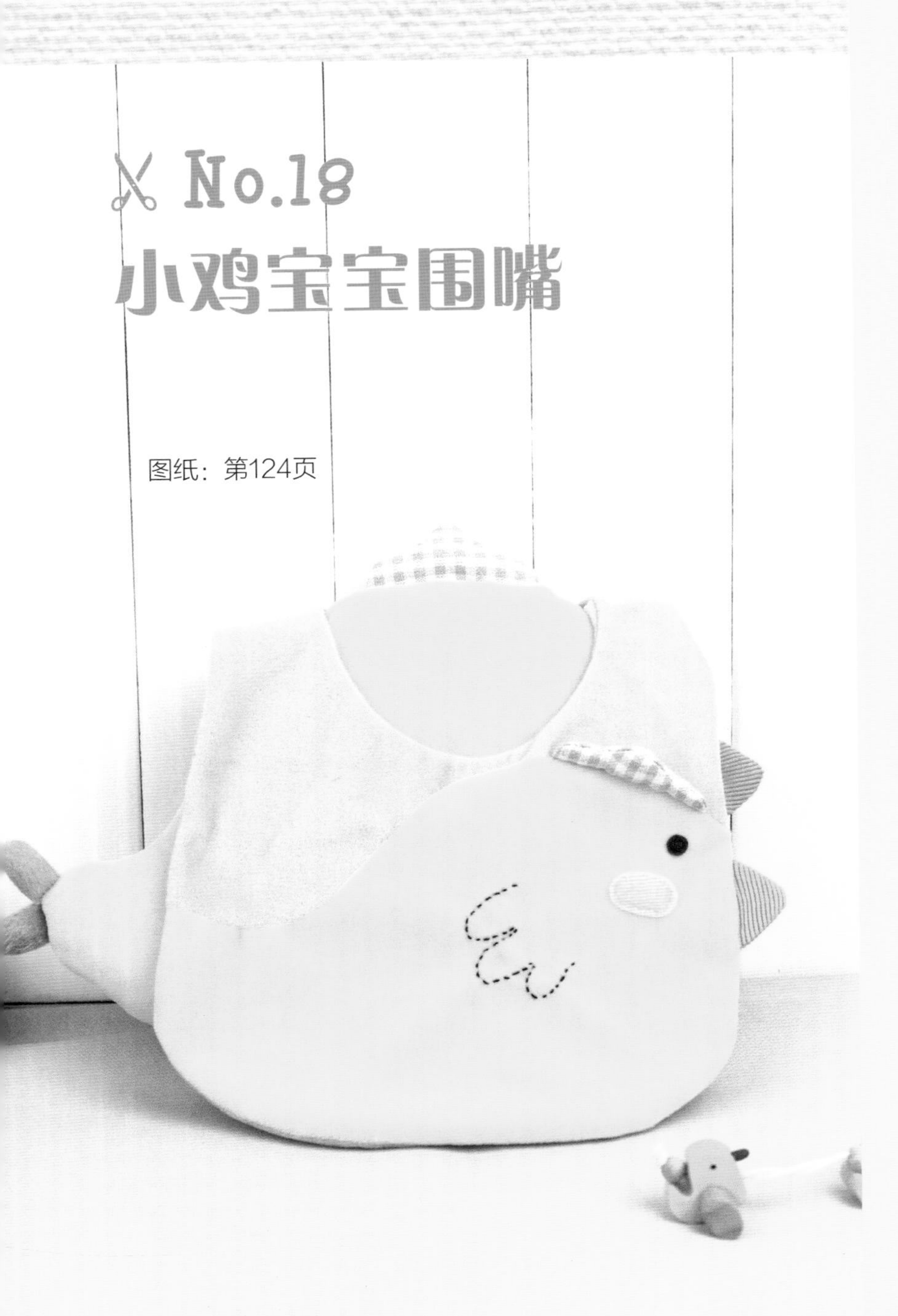

材料	黄色天鹅绒布	20cm×30cm
	蓝色天鹅绒布	30cm×60cm
	紫色格子布	6cm×10cm
	黄色条绒布	6cm×10cm
	黑色不织布	5cm×5cm
	粉色不织布	5cm×5cm
辅料	铺子母扣	4cm
	珍珠棉	10g

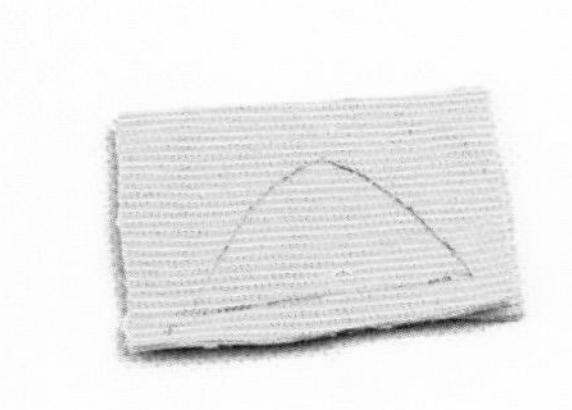

1 将布对折画出嘴巴的形状，沿线缝制，留出4mm缝份后，将多余的布边裁掉。

2 将布对折画出鸡冠的形状，沿线缝制，留出4mm缝份后，将多余的布边裁掉。

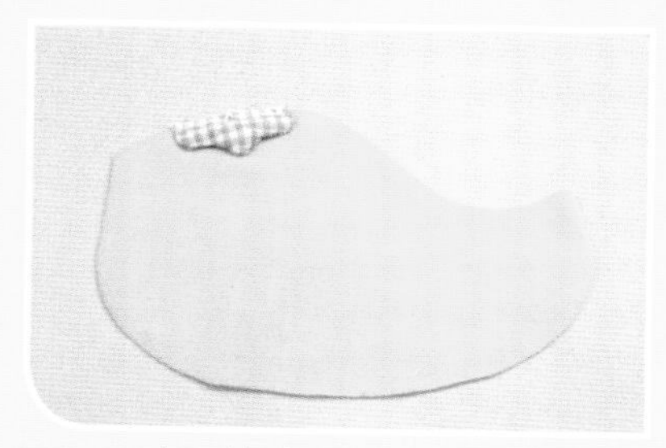

3 鸡冠填充少许珍珠棉，缝制在小鸡的头顶。

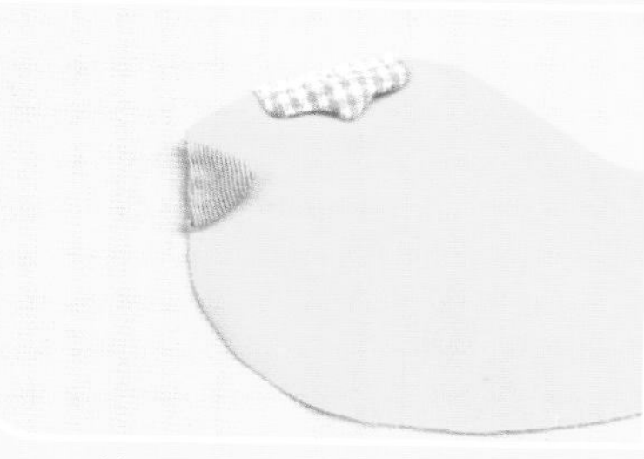

4 将嘴巴缝制在合适的位置。

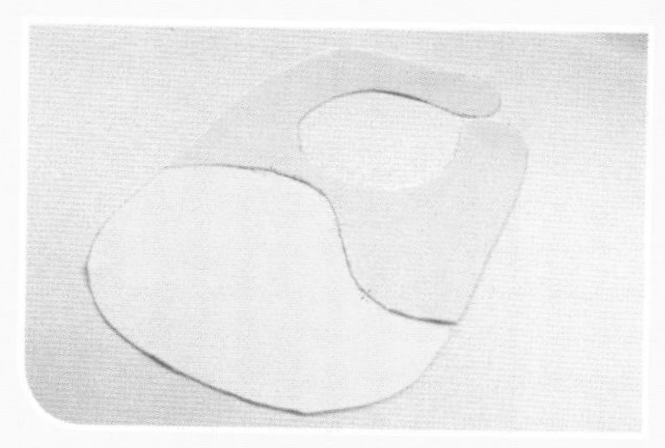

5 对照图纸画出围嘴的上下片，沿线裁剪。

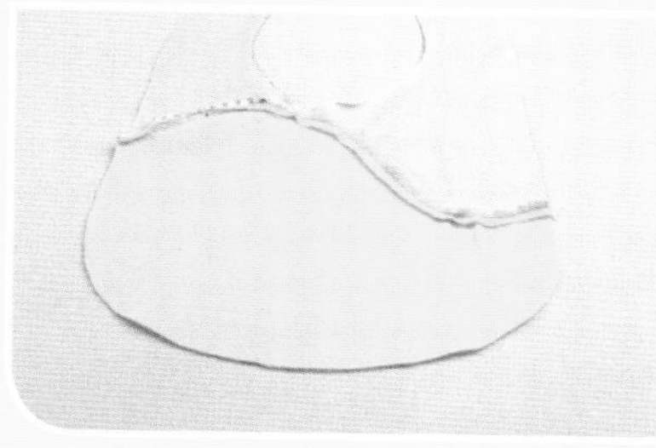

6 将两片正面相对缝在一起。

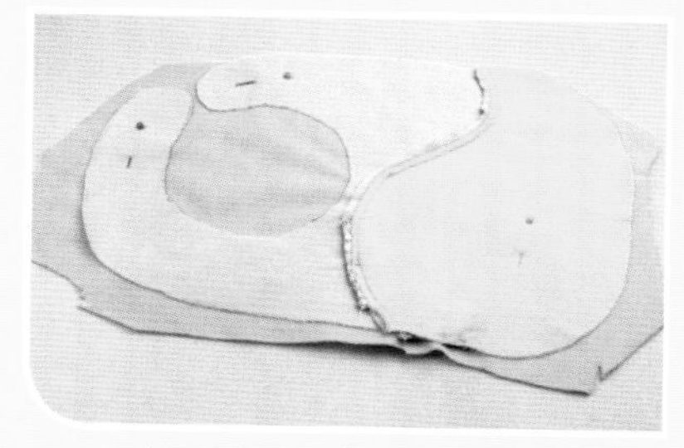

7 如图将缝好的围嘴前片放在一片布上铺平后用珠针固定好。

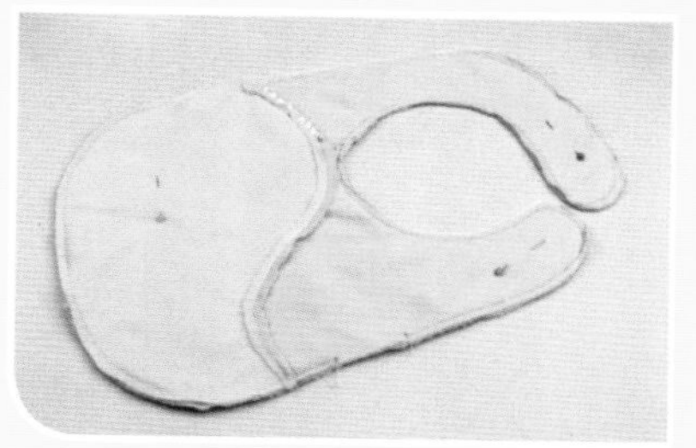

8 用水消笔画出4mm缝份后沿线缝制一圈，留出4-5mm的翻口，将多余的布边材料。

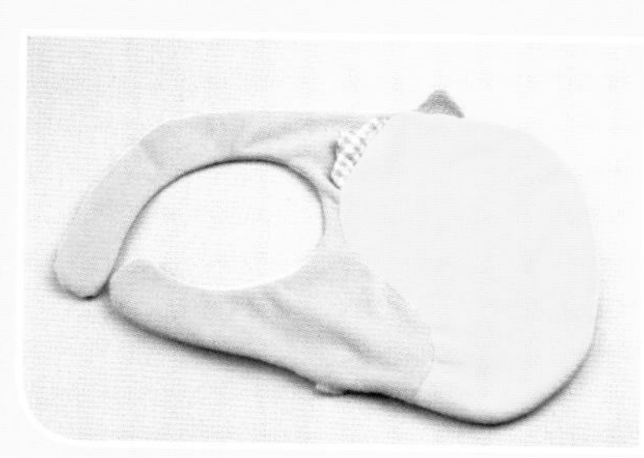

9 围嘴翻到正面。

10 用不织布裁出小鸡的眼睛和腮红，并将眼睛和腮红缝制在脸部合适的位置。

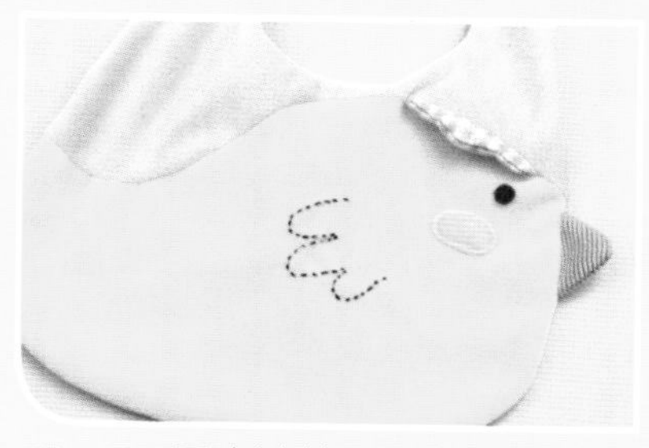

11 用水消笔画出翅膀的形状，用平针法绣出翅膀的形状。

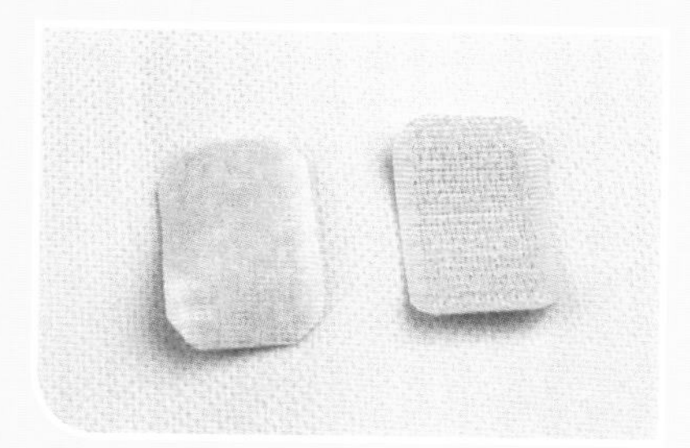

12 裁出长3cm的子扣母扣各1片，将4个角修剪成圆角。

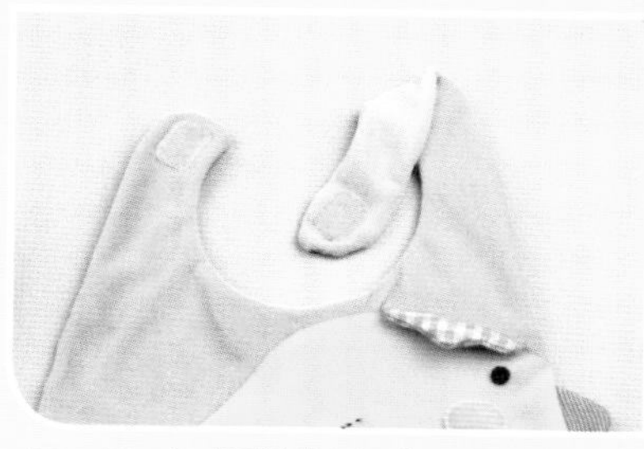

13 如图缝制在合适的位置。

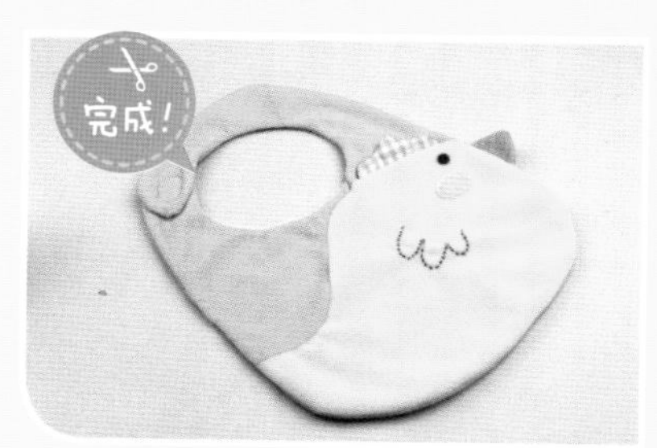

14 最后将翻口用藏针法缝合，一个可爱的小鸡宝宝围嘴就做好了。

✂ No.19
小熊宝宝鞋

图纸：第125页

材料 黄色超柔短毛绒 30cm × 30cm
白色天鹅绒 30cm × 50cm

辅料 黑色眼珠 1对
珍珠棉 100g

1 依照纸型裁好所有鞋子的材料。

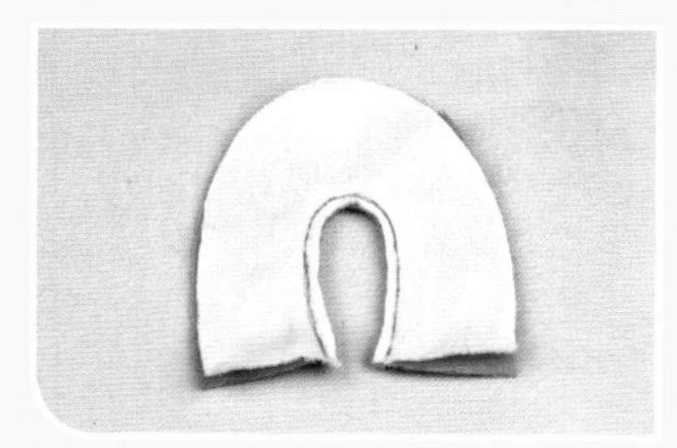

2 鞋面表布和鞋面里布如图缝合。

3 将鞋面表布和鞋面里布正面相对，缝合鞋跟处。

4 如图将里布的鞋底缝制一圈（在侧面留3-4厘米的翻口）。

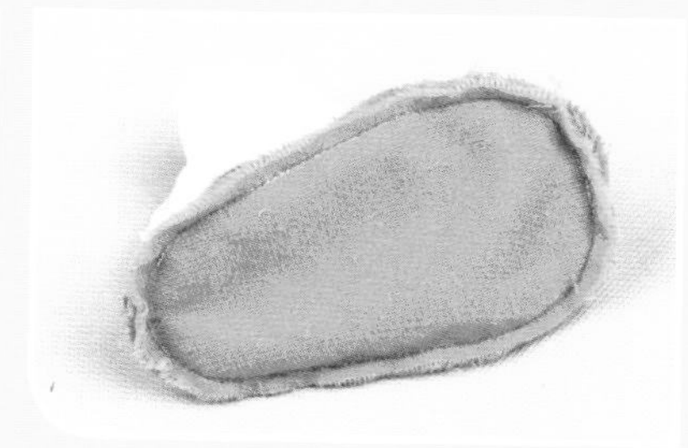

5 将表布的鞋底和鞋帮缝制一圈。

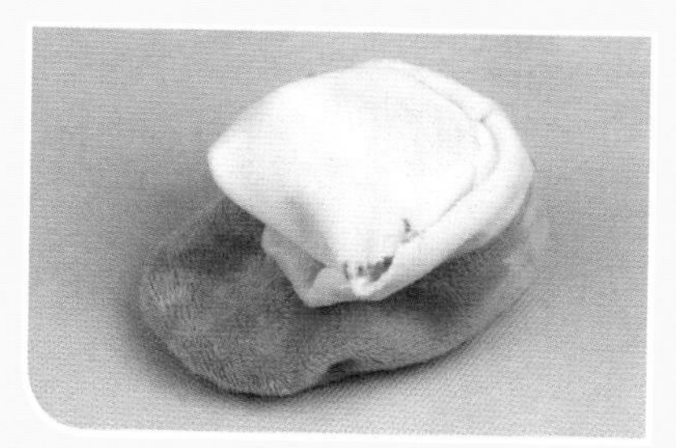

6 鞋子翻到正面后将翻口用藏针法缝合。

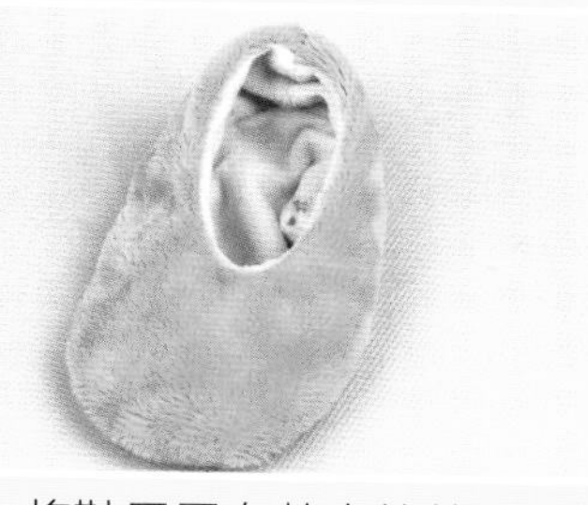

7 将鞋子里布整齐的放到鞋子里面。

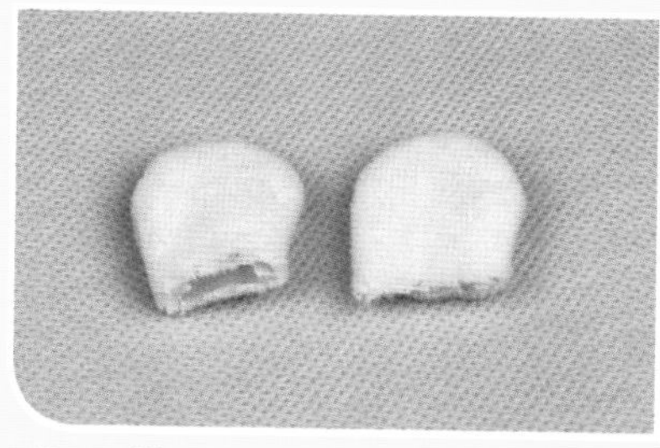

8 剪出4片熊耳朵，每两片正面相对缝合，翻至正面。

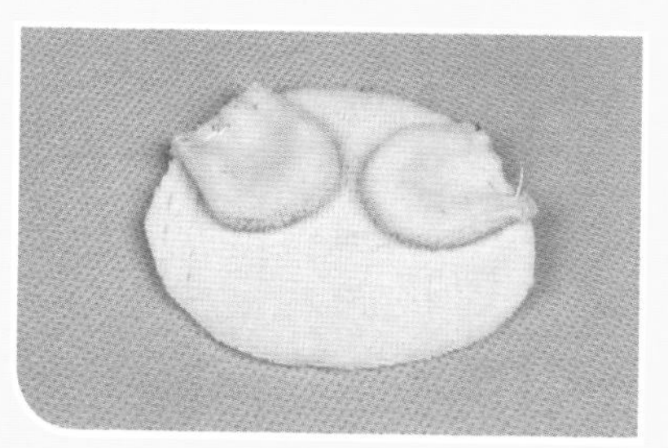

9 剪出2片熊头，将耳朵固定在其中一片上。

10 熊头两片正面相对缝合，在其中一片的中间剪一个3cm左右的翻口。

11 熊头翻至正面。

12 均匀的填充珍珠棉，并将翻口用藏针法缝合。

13 在脸部合适的位置缝上眼珠。

14 用黑色线绣出小熊的鼻子。

15 将做好的熊头用藏针法缝制在鞋面上，可爱的小熊鞋子就做好了。

No.20 小熊U形颈枕

图纸：第126页

材料

浅蓝色超柔毛绒布	30cm × 60cm
白色超柔毛绒布	15cm × 30cm
绿色条纹布	10cm × 15cm

辅料

黑色眼珠	1对
蓝色绒球	1个
PP棉	400g

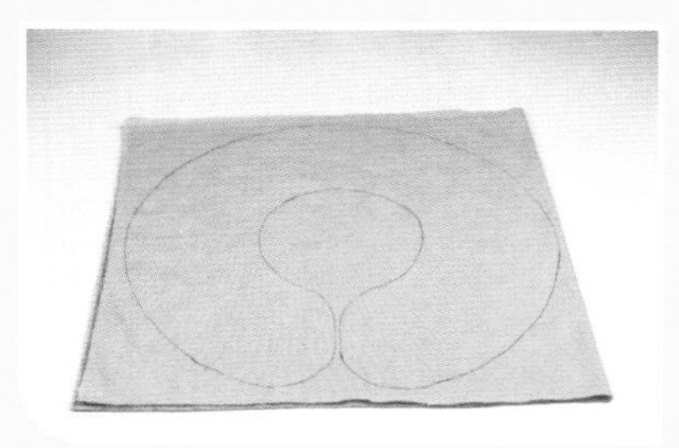

1 两片绒布正面相对，将图纸放在布的反面用水消笔画出U型枕的形状。

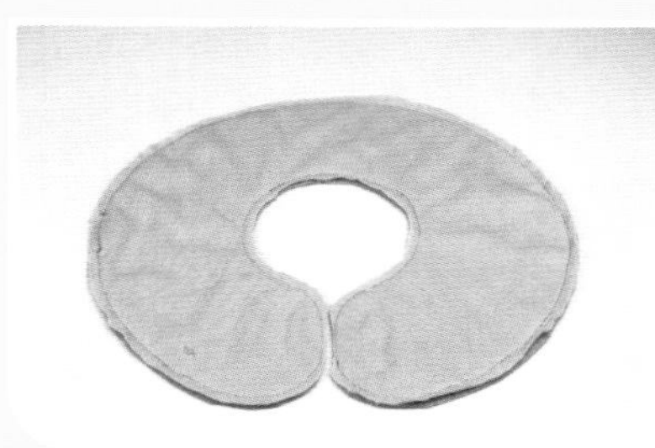

2 按照画好的U形状缝制一圈，最后留3~4cm翻口，然后将多余的布边剪掉。

3 缝好翻到正面，并均匀填充足够的珍珠棉。

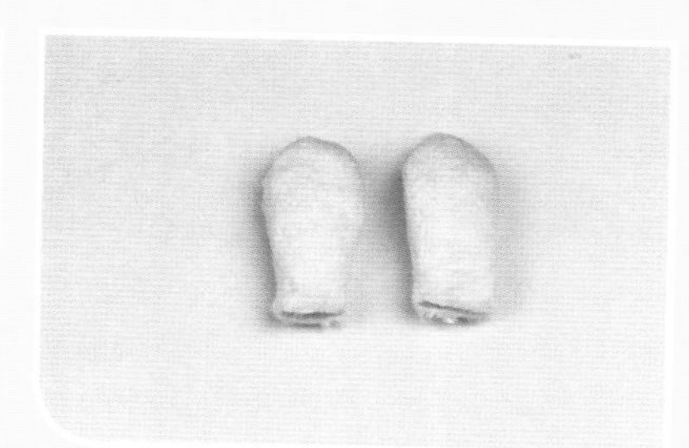

4 裁好4片耳朵，每两片正面相对留翻口缝合，翻正后填充少许珍珠棉。

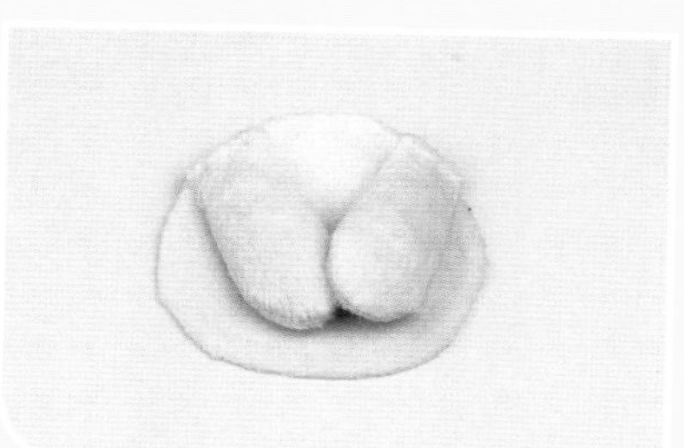

5 裁出两片脸片，将两只缝好的耳朵固定在其中一片脸片上。

6 裁2片三角形绿条纹布，正面相对缝合两边，翻到正面成为小帽子。

7 两片脸片正面相对缝合一圈，留3~4cm的翻口，注意在缝制的过程中将帽子夹在头顶部位一起缝合。

8 头部缝好翻至正面。

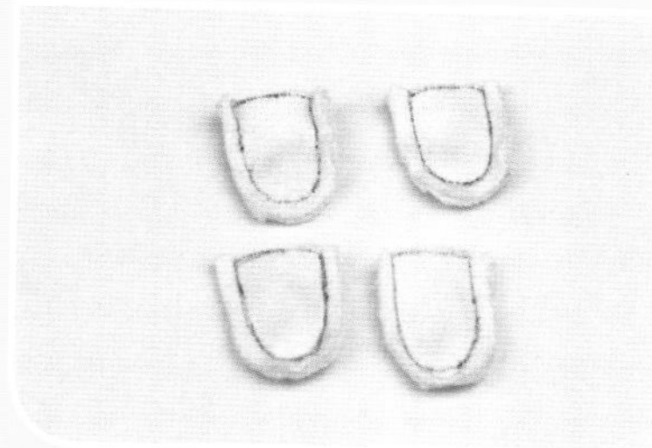

9 分别裁出胳膊和腿，一共8片，每两片正面相对缝合。

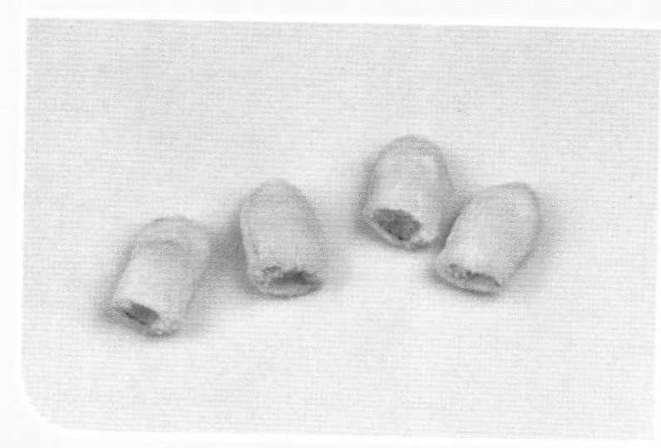

10 将翻过来的胳膊和腿，分别填充少许珍珠棉备用。

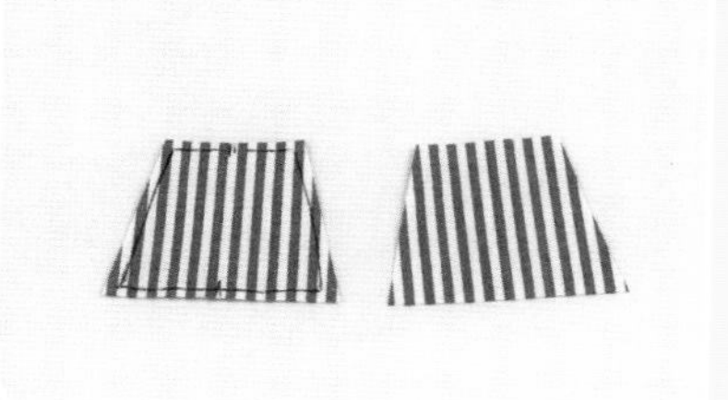

11 裁出两片身体片。

12 将胳膊和腿缝制在其中一片身体片上。

13 将两片身体正面相对缝合，脖子部位不缝制。

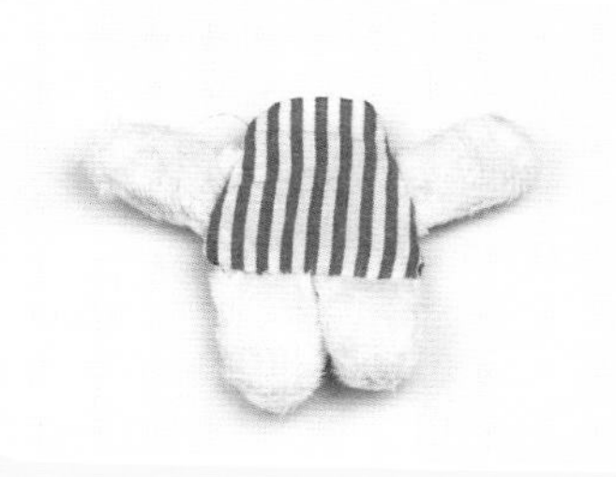

14 将缝好的身体翻至正面。

15 分别将缝好的头部和身体填充足够的珍珠棉。

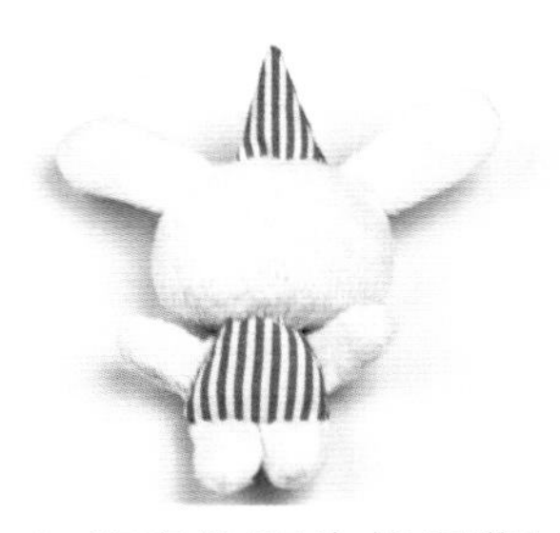

16 将身体和头部用藏针法缝合。

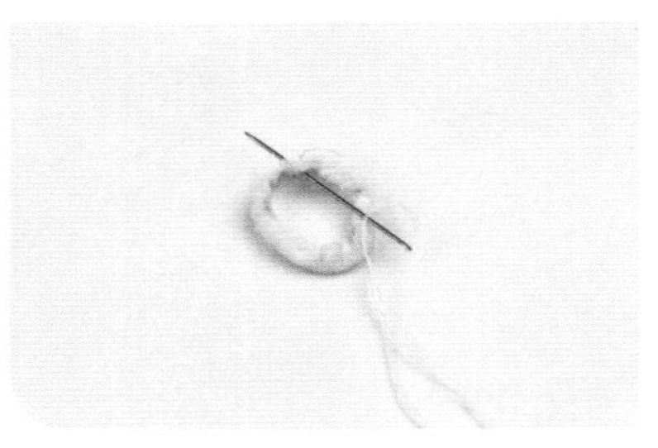

17 裁出圆形鼻子片，如图用卷针法或者平针法缝制一圈，填充少许珍珠棉后抽紧线。

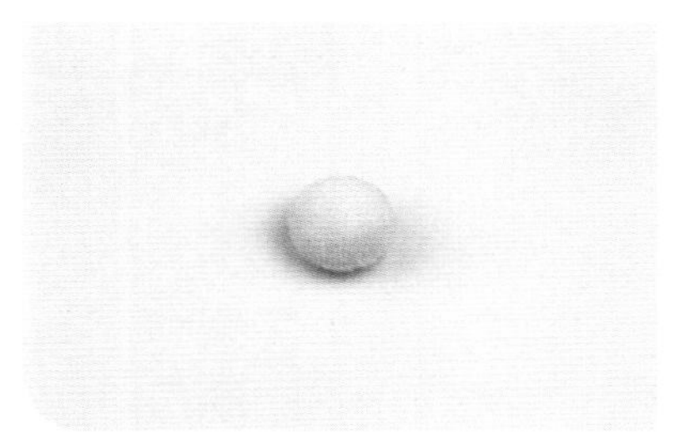

18 缝制好的圆球。

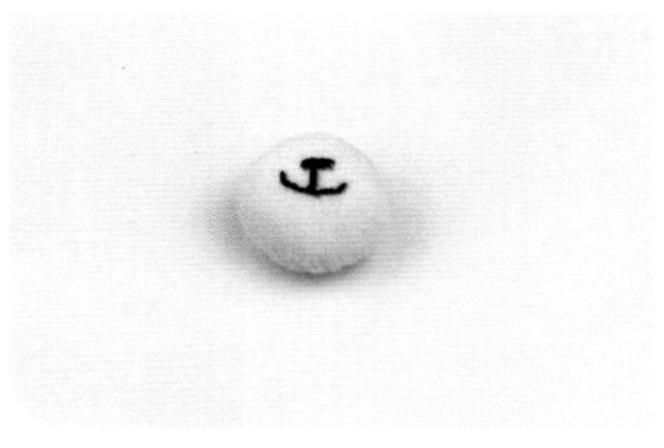

19 用黑色线绣出鼻子。

20 将鼻子缝制在脸部合适的位置，如果有热熔胶枪也可以直接粘上。

21 将眼睛缝制在脸部合适的位置

22 将两个胳膊缝制在一起，缝出如图一样牵手的状态，用腮红或者眼影涂在腮部。

23 如图17一样缝出帽子的圆球后，缝制在帽子顶部。

24 将帽子折过来缝制在耳朵部位，最后将小熊缝制在U型枕上就完工喽。

No.21 天使熊小方巾

图纸：第127页

材料

紫色绒布	12cm×20cm
白色绒布	20cm×25cm
黄色天鹅绒	30cm×30cm
不织布	5cm×5cm
小方巾	20cm×20cm

辅料

鹿皮绳	25cm
珍珠棉	50g
眼珠	1对

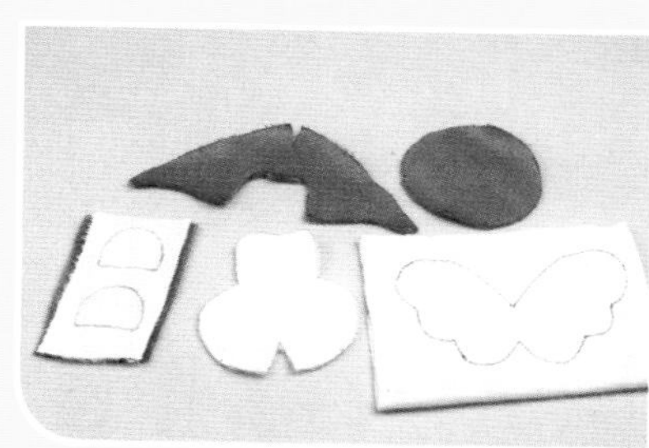

1 首先对照图纸在布上裁出各部位。

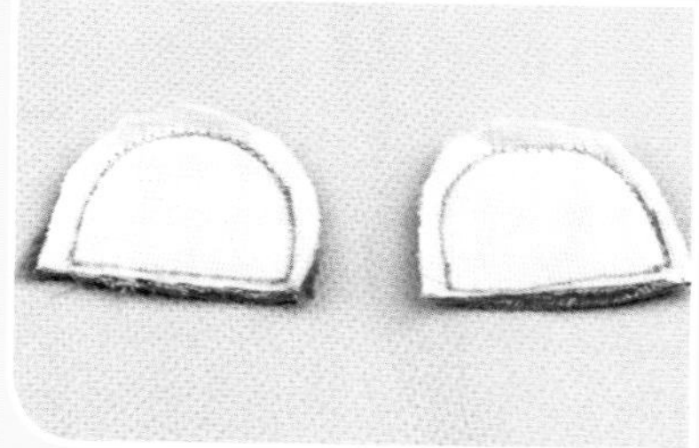

2 剪出4片耳朵，每两片正面相对缝合。

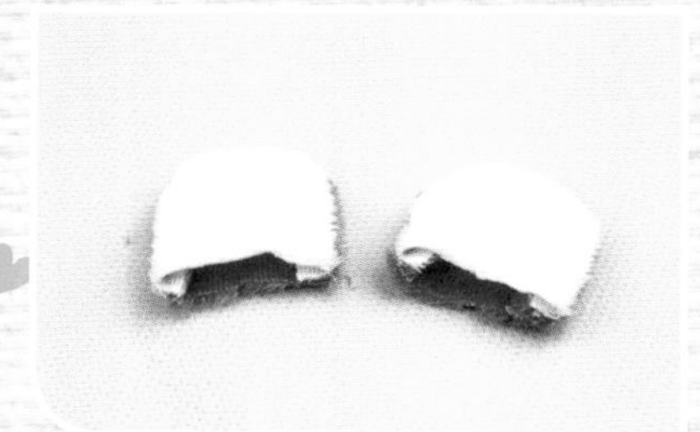

3 耳朵缝好翻至正面。

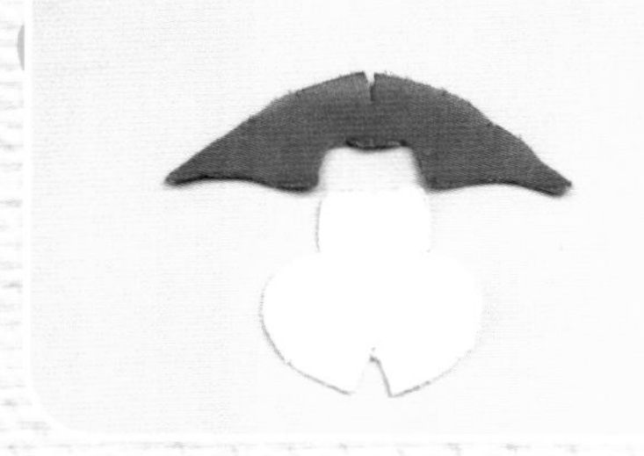

4 将额头和脸片铺平。

5 如图将额头和脸片缝合起来，这样脸片就缝制好了。

6 将脸片的褶缝合。

7 将耳朵缝制在脸片上。

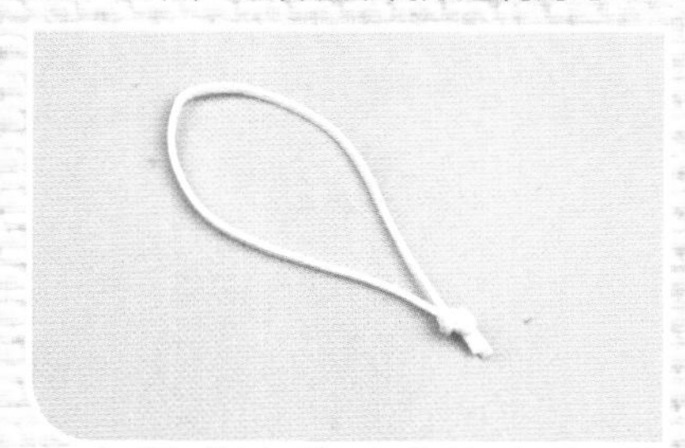

8 将鹿皮绳对折系一个结备用。

9 如图将鹿皮绳缝制在头上。

10 脸片和后脑正面相对缝合一圈，在脖子处留出4-5cm的翻口。

11 头部缝好翻至正面。

12 头部填充足够的珍珠棉。

13 用不织布剪出一个心形做鼻子。放在合适的部位。

14 用平针法缝制鼻子。

15 将两片正方形布片正面对齐铺平并画出4mm的缝分。

16 沿着画好的缝份缝合一圈并留出4-5cm的翻口。

17 小方巾缝好翻至正面。

18 将翻口用藏针法缝合，然后沿着边用平针法缝制一圈明线

19 将熊头玩偶缝制在小方巾的一角。

20 翅膀分2片，正面相对缝合一圈后，在其中一片布上剪出3-4cm的翻口。

21 将翅膀翻至正面。

22 翅膀上缝制明线。

23 将翅膀缝制在熊玩偶的头后面脖子处，一个可爱的卡通天使熊小方巾就完成了。

✂ No.22
小兔子手机挂件

材料	素色棉麻	15cm × 20cm
	绿色碎花布	10cm × 10cm
	红色碎花布	10cm × 10cm
辅料	棕色腊绳	5cm
	手机挂绳	1根
	黑色眼珠	1对

图纸：第128页

1 剪出4片耳朵。

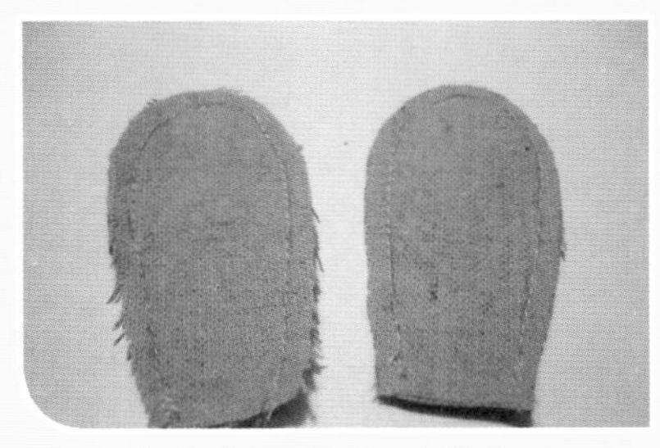

2 每两片正面相对缝合。

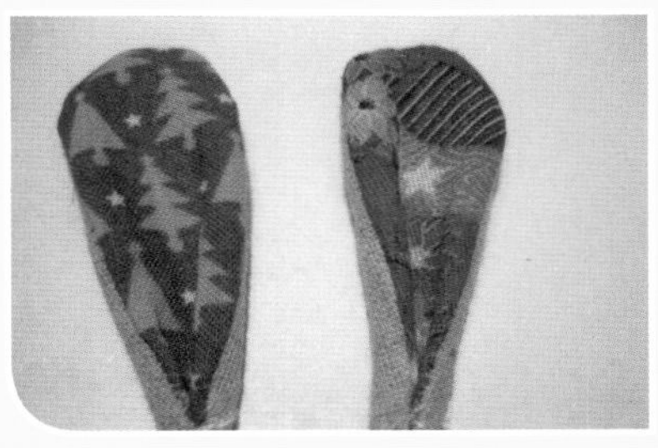

3 如图将两个耳朵两侧向内对折固定。

4 剪出两片身体。

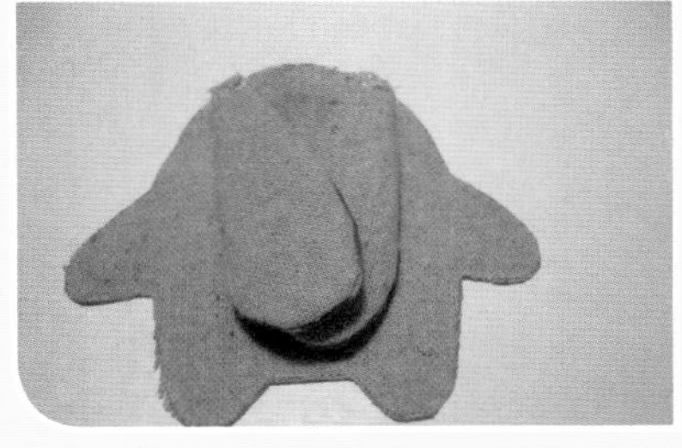

5 如图将耳朵缝制在头部合适的位置。

6 两片身体正面相对缝合，缝制过程中将头绳缝制在头部，身体侧面留3-4cm。

7 身体翻至正面。

8 填充PP棉并将翻口缝合。

9 给小兔子缝制眼睛。

10 缝制腮红。

11 将挂绳勾上，可爱的小兔子挂件就做好了。

No.23
棕熊先生腕垫

图纸：第129页

棕熊先生腕垫制作教程

材料 白色毛绒布 10cm × 10cm
咖啡色毛绒布 20cm × 40cm

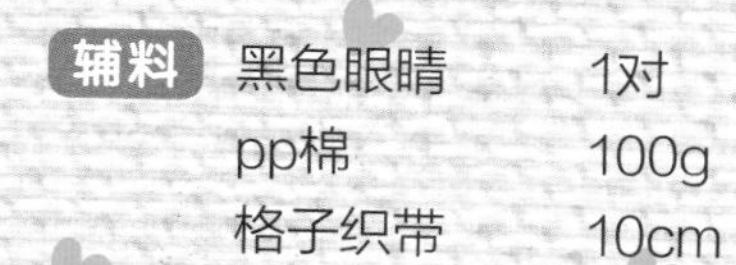

辅料 黑色眼睛 1对
pp棉 100g
格子织带 10cm

1 裁出4片耳朵，每两片正面相对缝制半圆。

2 耳朵缝好翻至正面。

3 剪出2片头部。

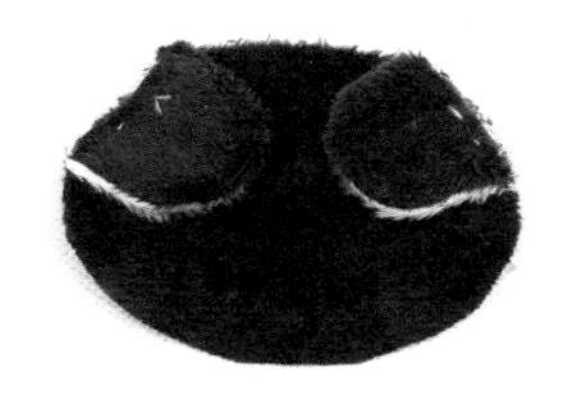

4 将缝制好的耳朵缝制在其中一片头片上。

5 两片头片正面相对缝合一圈后在后脑勺上剪一个小翻口。

6 头部翻至正面。

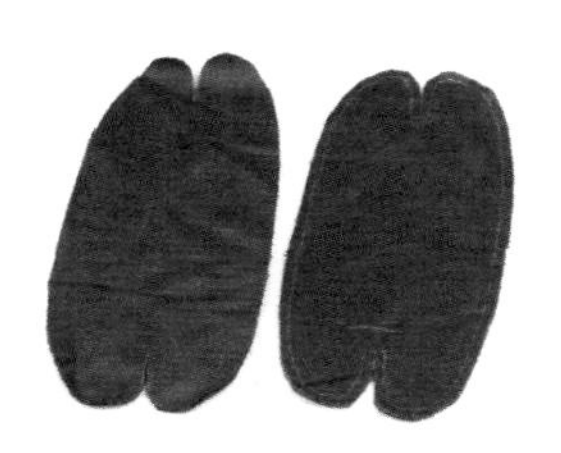

7 剪出两片身体。

8 正面相对缝合并留出4cm左右的翻口。

9 身体翻至正面。

10 头和身体填充足够的珍珠棉。

11 剪出2片鼻子，正面相对缝合后，在其中一片上剪一个小翻口。

12 鼻子缝好翻至正面。

13 填充少许珍珠棉后用水消笔画出鼻线的形状。

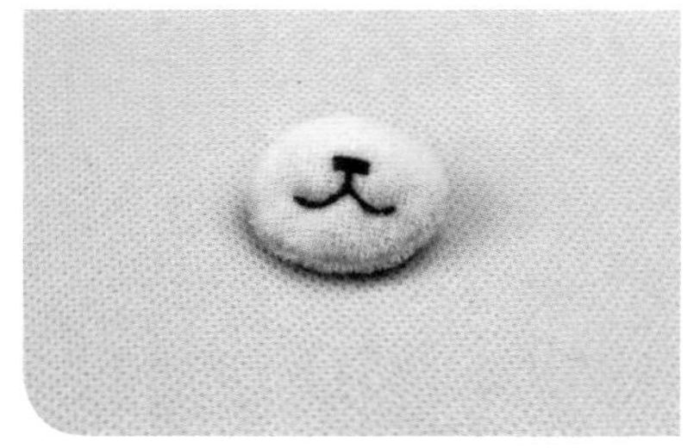

14 用黑色线绣出鼻子。

15 将鼻子缝制在脸部中间部位（可用热熔胶枪粘）。

16 在合适的位置缝制眼睛。

17 裁出1片尾巴片。

18 用卷针法或平针法缝合一圈。

19 填充少许珍珠棉后将线轻轻的抽紧打结。

20 将做好的尾巴球缝制在身体合适的位置（可用热熔胶枪粘）。

21 将头部缝制在身体上后系一个小蝴蝶结缝制在耳朵上。

No.24

小白猪包挂

图纸：第130页

材料		辅料	
白色羊羔绒	18cm×21cm	手机挂绳	1根
粉色点点布	5cm×10cm	PP棉	50g
粉色不织布	5cm×10cm		
玫红色不织布	5cm×6cm		

1 剪出4片耳朵。

2 每两片正面相对缝合。

3 将耳朵翻至正面。

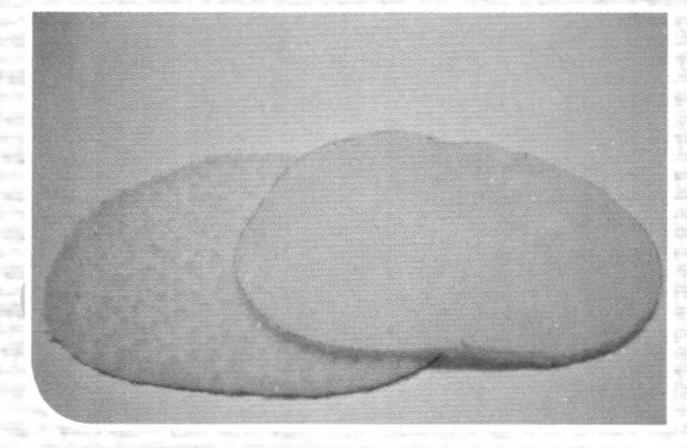
4 剪出两片头部。

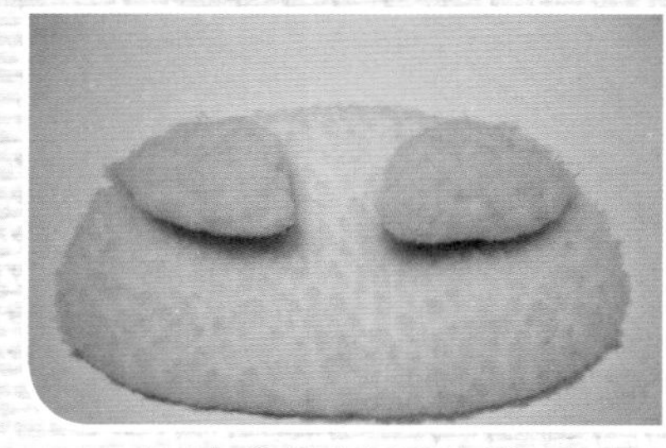
5 将耳朵缝制在脸片合适的位置。

6 头部两片如图正面相对缝合，脖子部位留3-4cm的翻转口。

7 将头部缝好翻至正面。

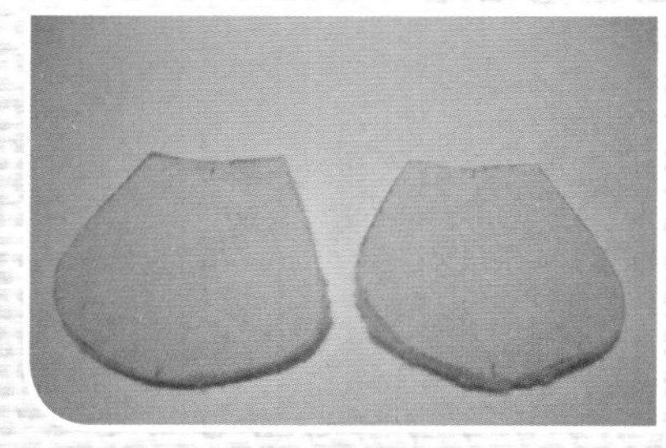
8 剪出两片身体。

9 剪出胳膊和腿各两片。

10 将胳膊和腿如图缝制在身体合适的位置。

11 身体两片正面相对缝合，脖子部位不要缝合。

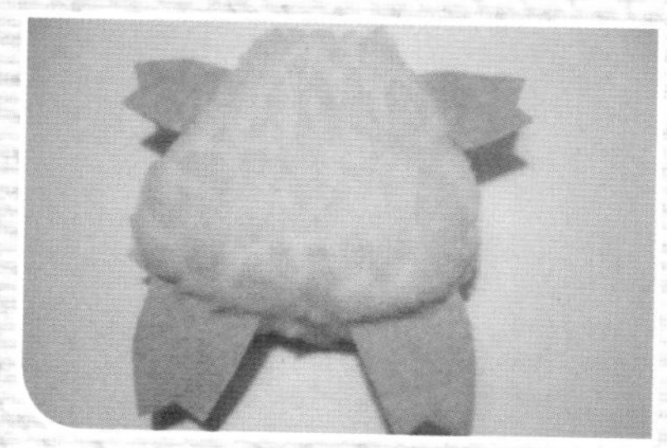

12 身体缝好翻至正面。

13 头和身体填充足够的PP棉。

14 头和身体用藏针法缝合。

15 剪一片粉色不织布做猪的鼻子。

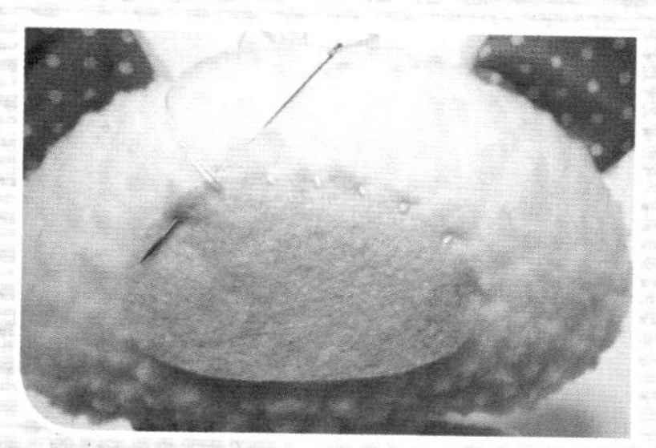

16 将鼻子缝制在脸部合适的位置。

17 耳朵如图缝在脸上。

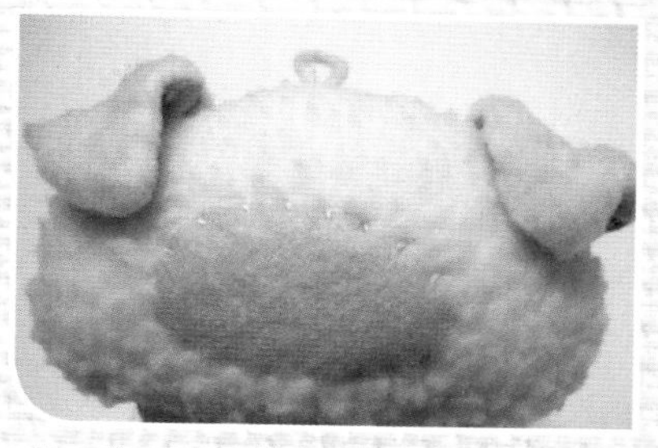

18 耳朵缝好的样子。

19 用黑色线缝制猪猪的眼睛和鼻子。

20 用玫红色不织布做一个小蝴蝶结缝制在猪猪的耳朵上。

完成！

21 可爱的猪猪就做好了。

✂ No.25
熊猫腕枕

图纸：第128页

熊猫腕枕制作教程

材料		辅料	
白色超柔短毛绒	22cm×30cm	PP棉	100g
黑色超柔短毛绒	22cm×25cm	花边	20cm
黑色不织布	4cm×5cm	腮红	

1 剪出4片耳朵，每两片正面相对缝合。

2 剪出4片胳膊，每两片正面相对缝合。

3 剪出4片腿片，每两片正面相对缝合。

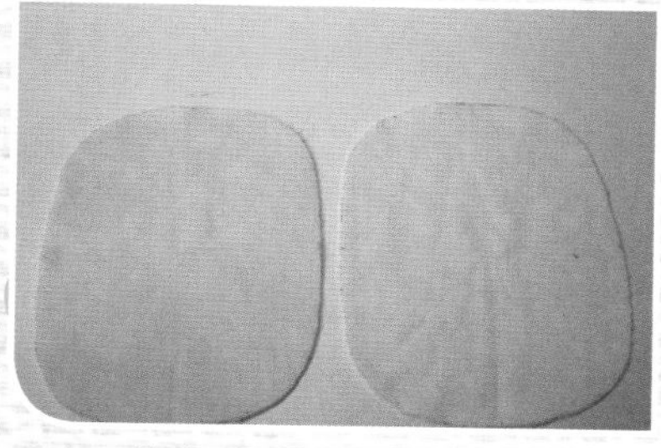

4 剪出两片身体。

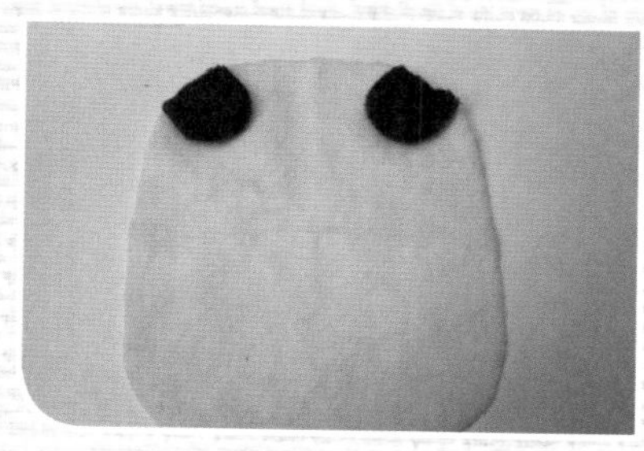

5 如图将耳朵固定在合适的位置。

6 将胳膊和腿翻至正面填充足够的PP棉。

7 如图将胳膊和腿分别固定在身体片上。

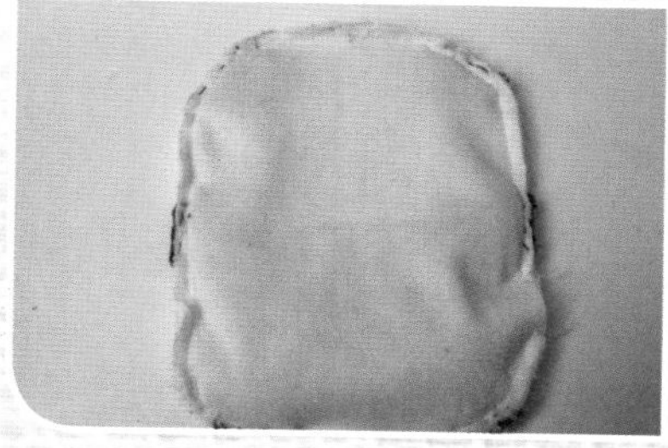

8 将身体两片正面相对缝合，留出3-4cm的翻口。

9 身体缝制好翻至正面。

10 将身体填充足够的PP棉并用藏针法将翻口缝合。

11 将眼睛缝制在脸部合适的位置。

12 用黑色线绣出黑色的嘴巴。

13 如图用白色线绣出眼珠。

14 给熊猫涂上腮红，然后系一个蝴蝶结在脖子上。

15 可爱的熊猫就做好了。

Part 3

甜蜜小伙伴

无论你伤心、开心，它们都乐意分享；
无论你孤单、失落，它们都会一直陪伴。
它们是贴心的甜蜜小伙伴。

No.26

小熊萌萌

材料 白色羊羔绒 20cm×30cm
红色格子布 10cm×15cm

辅料 黑色纽扣眼睛 1对
PP棉 100g
黄色腊绳 20cm

图纸：第128页

No.27
招财猫

材料

素色棉麻布	15cm × 25cm
红色碎花布	10cm × 15cm
蓝色碎花布	10cm × 15cm
白色碎花布	10cm × 15cm

辅料

PP棉	100g
腮红	

图纸：第131页

No.26

1 剪出4片耳朵，每两片正面相对缝合留翻口，然后翻到正面。

2 剪出两片头片。

3 将耳朵固定在其中一片头片上。

4 将两片头片正面相对缝合，留出翻口。

5 将头部翻至正面。

6 头部填充足够的PP棉。

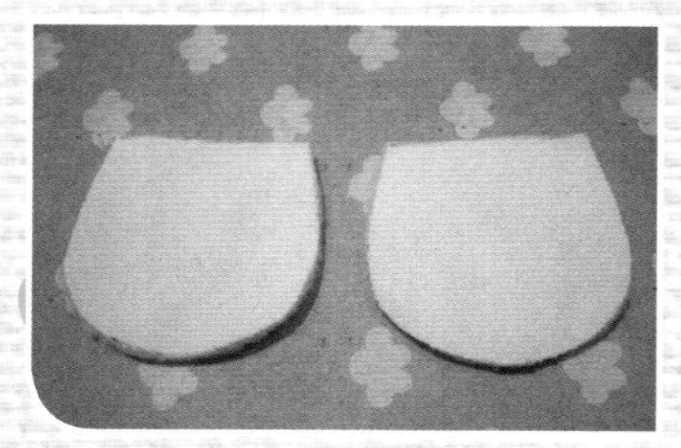

7 剪出两片身体。

8 将两片正面相对缝合，脖子部位不要缝合。

9 将身体翻至正面，填充足够的PP棉。

10 头和身体用藏针法缝合在一起。

11 剪一片圆形布片。

12 做成一个小圆球。

13 将做好的球缝制在脸上。

14 在合适的位置缝制上眼睛，并用黑色线绣出鼻子和嘴巴。

15 剪出8片腿和胳膊，每两片相对缝合，留出翻口。

16 填充PP棉并用藏针法将翻口缝合。

17 将胳膊和腿缝制在身体合适的位置。

18 系上蝴蝶结，可爱的萌萌就完成了。

No.27

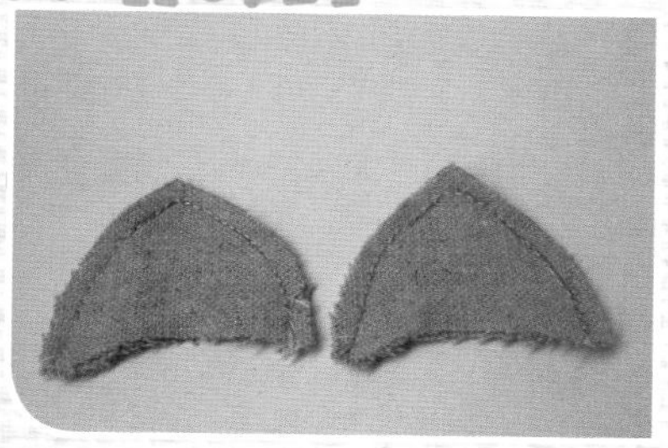

1 按图纸裁剪4片耳朵，每两片正面相对缝合。

2 剪出3片前身片，1片头片。

3 先将身体3片缝合在一起。然后将脸片和身体缝合。

4 耳朵缝制在合适的位置上。

5 两片身体正面相对缝合。

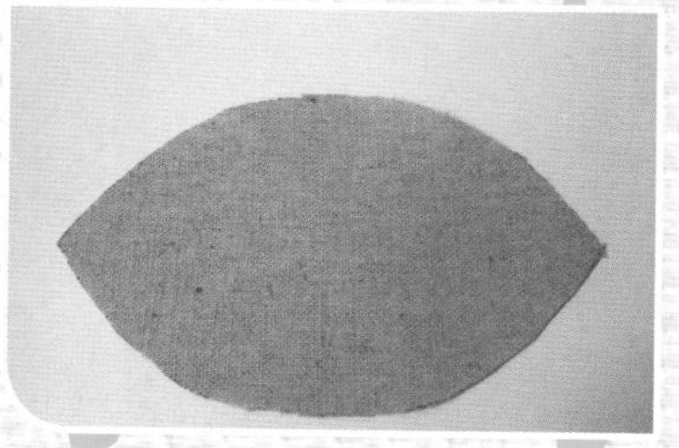

6 猫咪身体底部的形状。

7 如图将身体和底部片缝合，留一个3~4cm的翻口。

8 缝制好翻至正面。

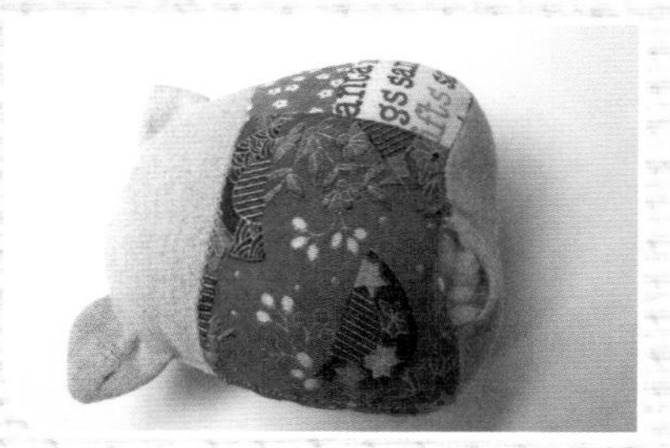

9 均匀填充PP棉。

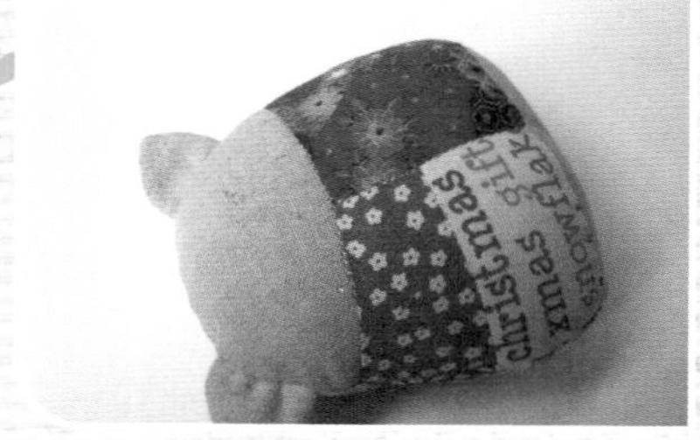

10 将充棉口用藏针法缝合。

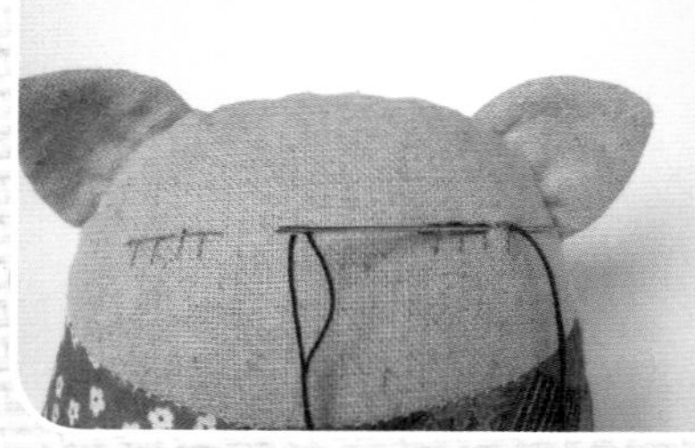

11 用水消笔画出眼睛的形状，然后用黑色线绣出眼睛。

12 眼睛绣好的样子。

13 用水消笔画出嘴巴的形状，然后用红色线绣嘴巴。

14 嘴巴绣好的样子。

15 在猫咪的脸上均匀的涂上腮红。

完成！

16 可爱的猫咪就完成了。

No.28 小兔子

图纸：第132页

材料	白色超柔短毛绒	20cm×20cm
	浅蓝色碎花布	10cm×15cm
	蓝色格子布	10cm×20cm
	白色不织布	5cm×5cm
辅料	PP棉	100g
	黑色纽扣眼睛	1对

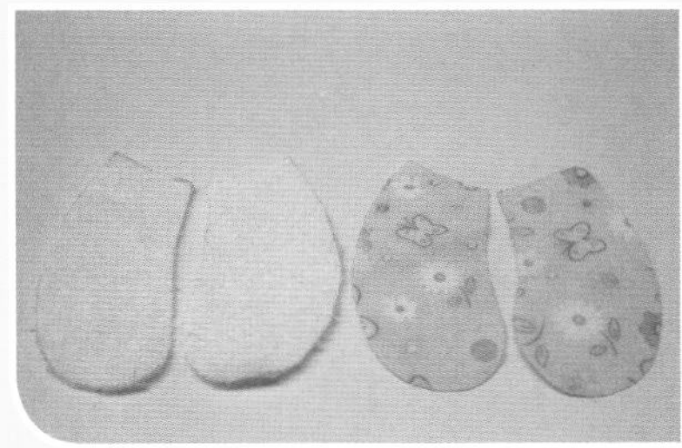

1 剪出4片耳朵。

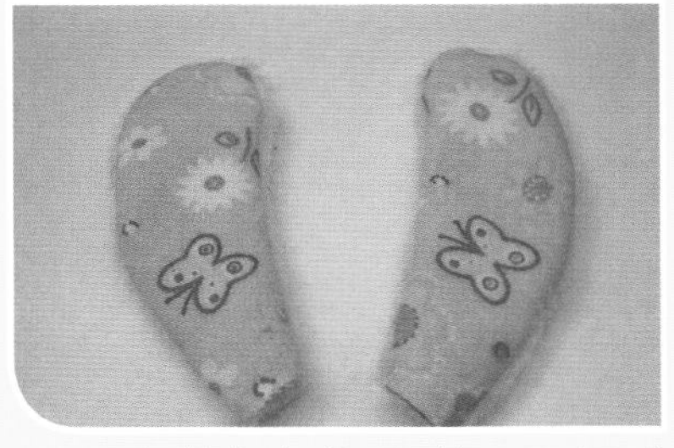

2 两花色布各取1片正面相对缝合，缝好2对。然后翻正并填充少许PP棉。

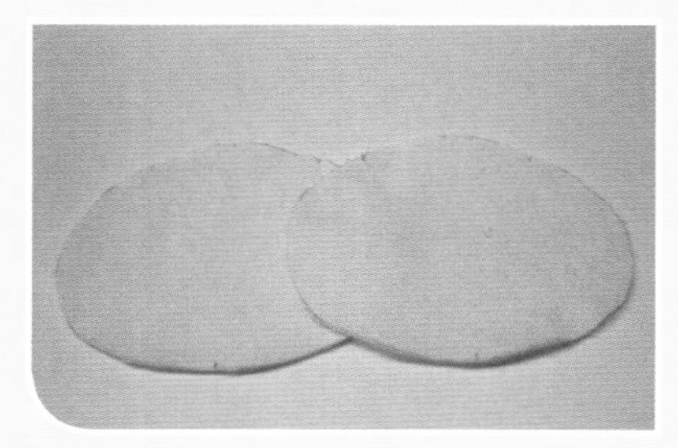

3 剪出两片头部。

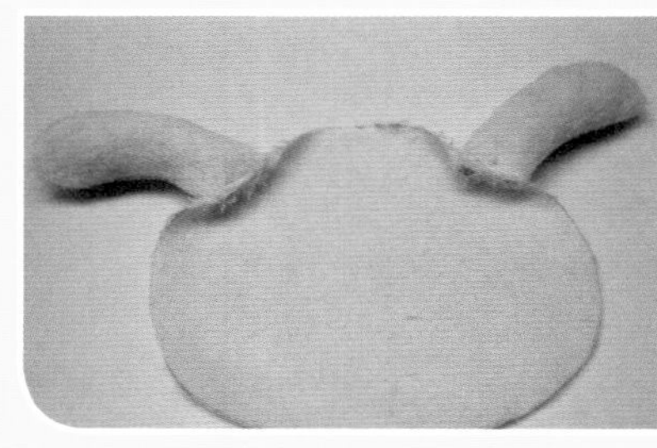

4 如图将耳朵缝制在脸片上。

5 头部两片正面相对缝合，脖子部位留出3~4cm翻口。

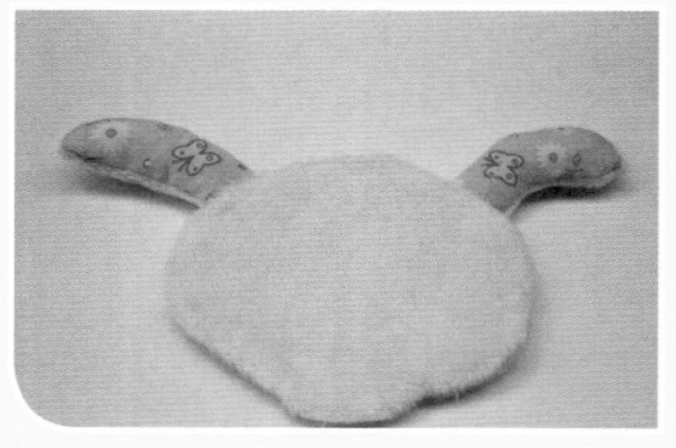

6 头部翻至正面。

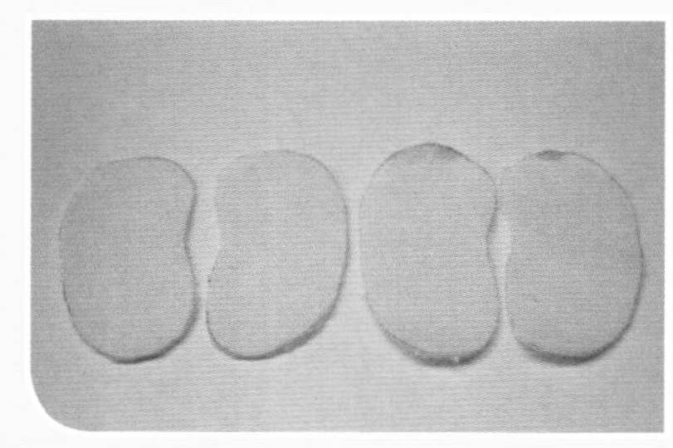

7 剪出4片胳膊。

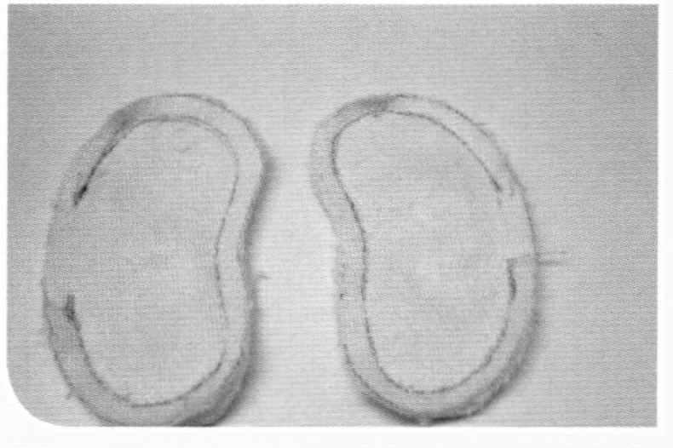

8 每两片胳膊正面相对缝合，留出翻口。

9 剪出两片腿部。

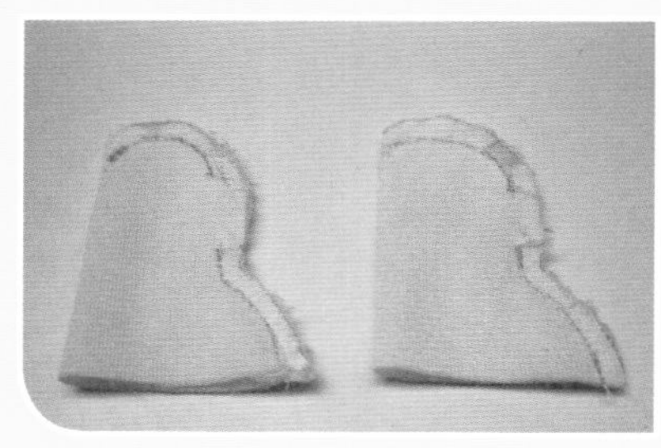

10 如图将每片对折缝合，留出翻口。

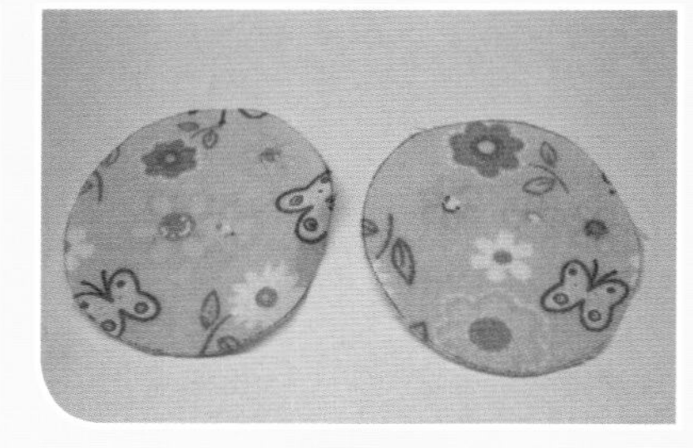

11 剪出两片脚底。

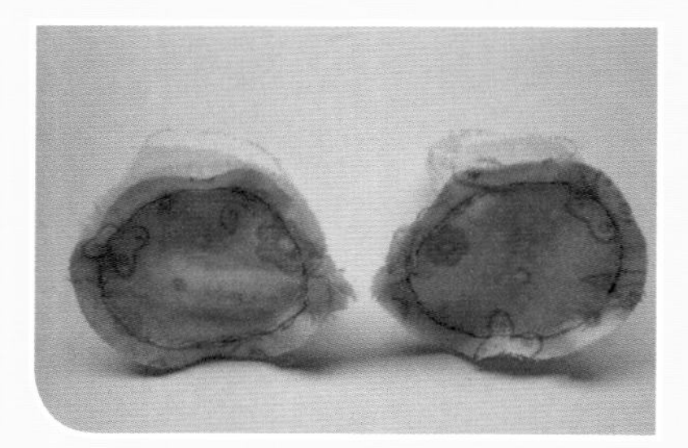

12 如图将腿和脚底分别缝合。

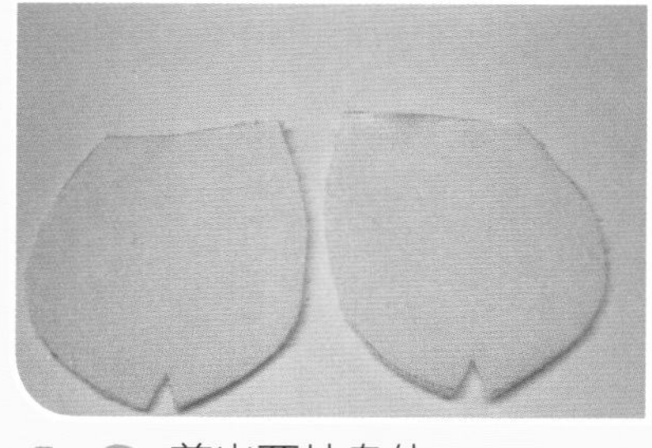

13 剪出两片身体。

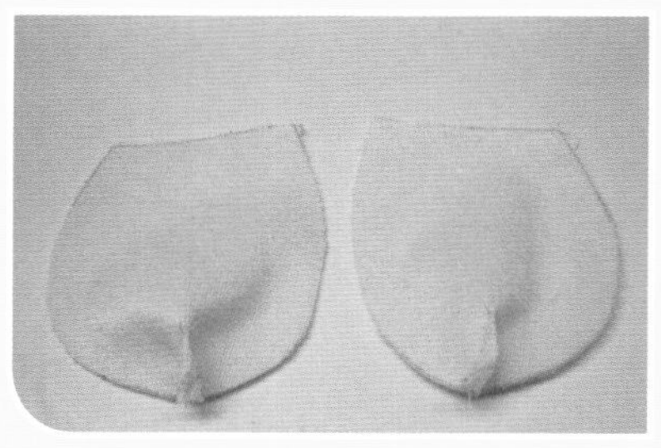

14 如图将身体的褶皱缝合。

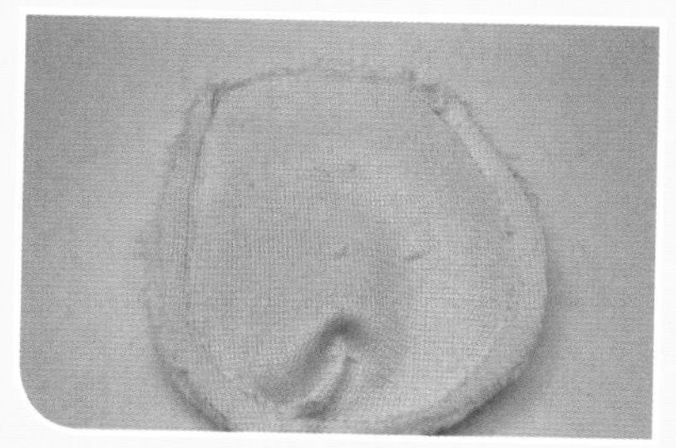

15 身体两片正面相对缝合，脖子部位留出翻口。

16 填充PP棉后将翻口缝合。

17 如图将头部和身体缝在一起。

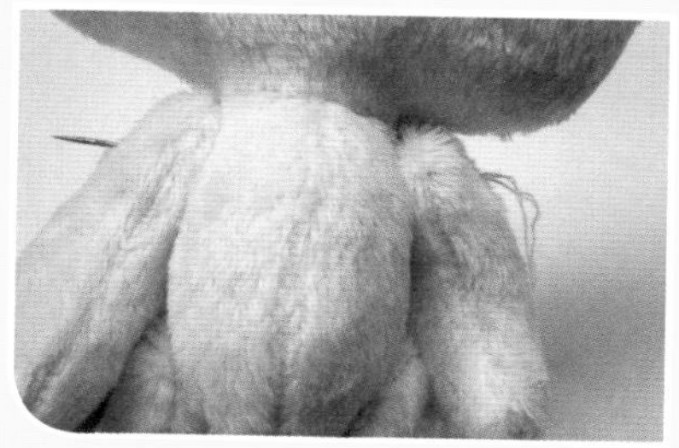

18 如图将胳膊和腿缝制在身体上合适的位置。

19 胳膊腿缝好的样子。

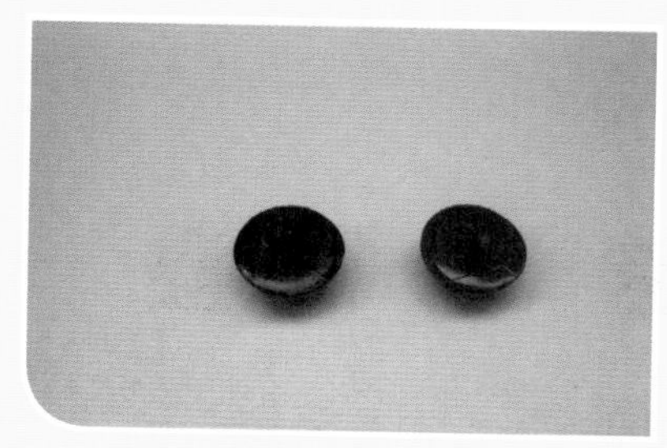

20 用黑色半球状的扣子做兔子的眼睛。

21 将眼睛缝制在脸部合适的位置。

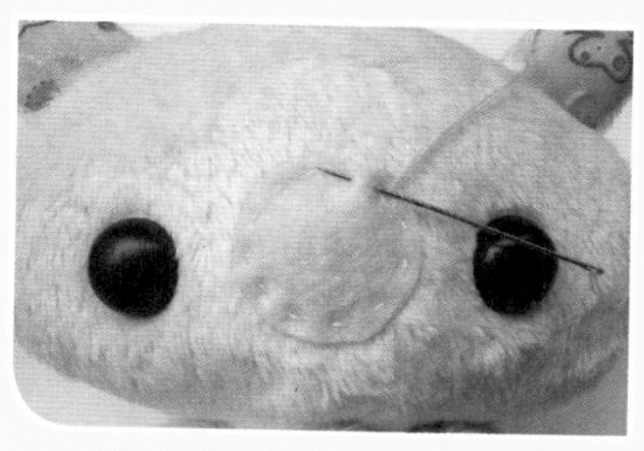

22 如图将兔子的嘴巴缝制在脸部合适的位置。

23 用红色线绣出兔子嘴巴。

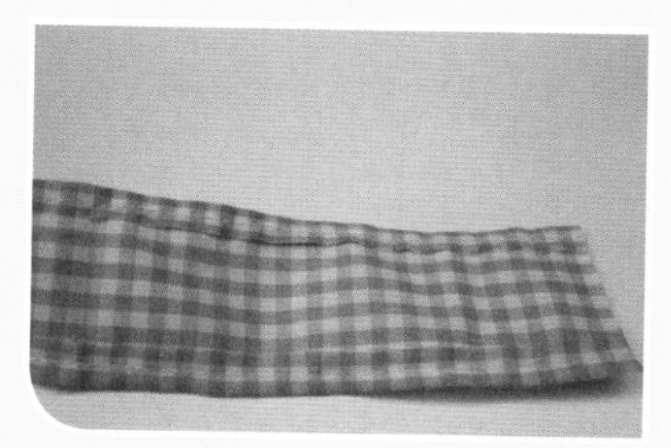

24 如图将布条两侧毛边挽进压线。

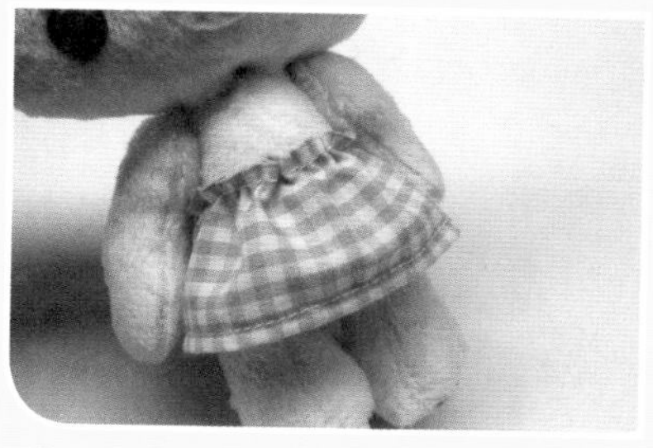

25 如图用格子布条给小兔子做一个小裙子。

26 给小兔子脸上涂上腮红就完工喽，很可爱吧!

No.29
毛毛虫

图纸：第133页

材料	黄色绒布	18cm × 35cm
	红色绒布	10cm × 15cm
	粉色绒布	15cm × 15cm
	绿色绒布	15cm × 15cm
	浅蓝色绒布	15cm × 15cm
辅料	蓝色不织布	8cm × 9cm
	紫色不织布	8cm × 9cm
	白色不织布	4cm × 4cm
	红色不织布	4cm × 4cm
	珍珠棉	300g
	铃铛	1个
	BB气囊	1个

1 首先裁出4片毛毛虫的触角。

2 每两片对齐后缝制一圈。

3 填充少许珍珠棉。

4 将红色绒布和黄色绒布缝合后，用水消笔对照纸样画出毛毛虫的头部。

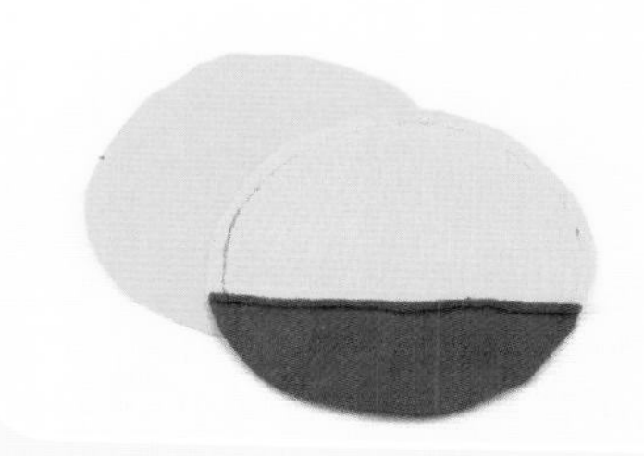

5 剪出2片头部。

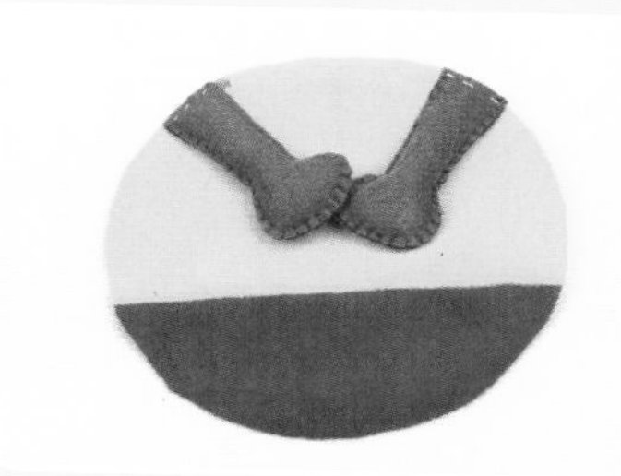

6 将缝制好的触角固定在脸片上。

7 将头部两片正面相对缝合一圈（直接缝合不留翻口）。

8 在后头片上剪出一个3cm左右的翻口。

9 头部翻至正面。

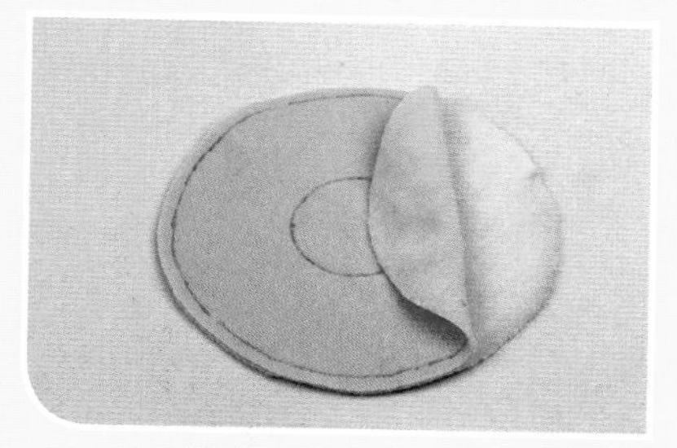

10 剪出三角形、圆形、五角星形的身体，以圆形为例，首先对照纸样在布的反面画出要做的形状。

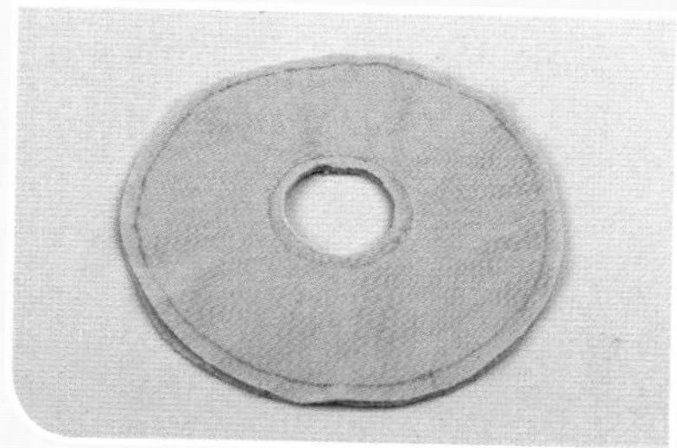

11 沿着中间圆形缝制后将多余的布边裁掉。

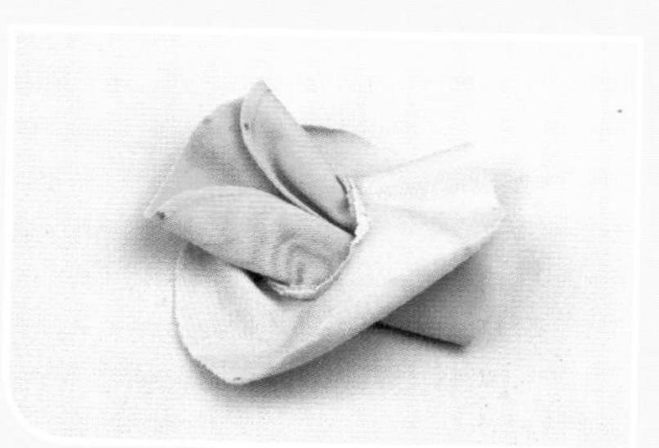

12 如图所示翻至正面。

13 翻到正面的样子。

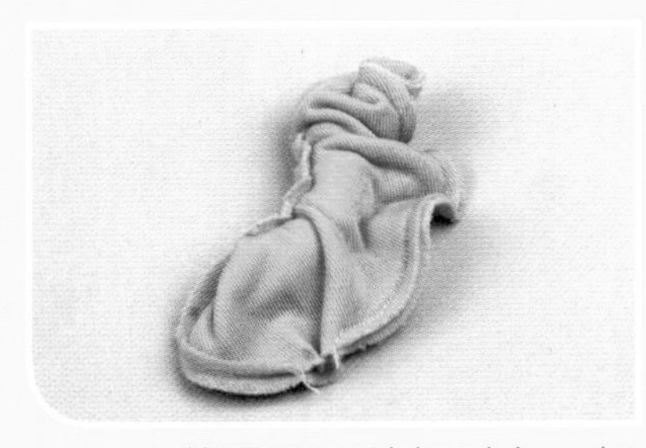

14 将圆形两片相对在一起后翻到反面，缝合一圈，留3cm左右的翻口。

15 缝制好翻至正面。

16 同样的方法将其它形状都缝好备用。

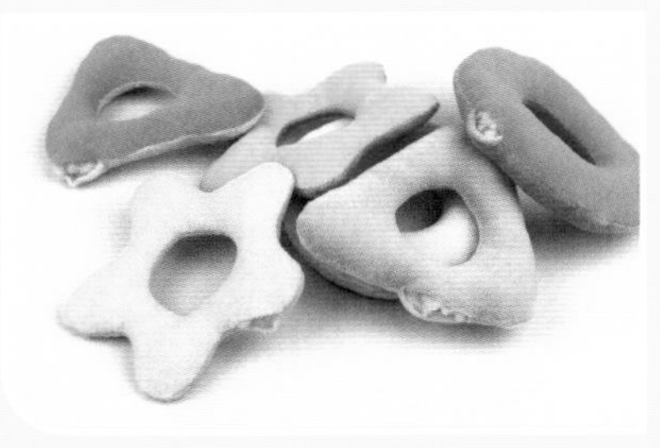

17 将缝制好的各部位均匀的填充珍珠棉。

18 用藏针法将各个形状缝好。

19 头部在填充珍珠棉的时候顺便把铃铛也一起放进去。

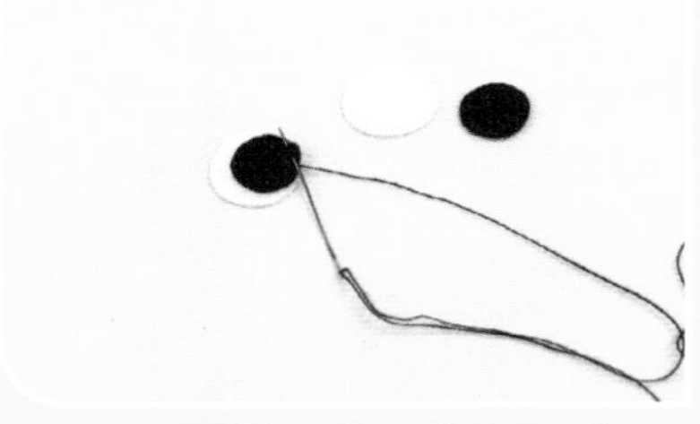

20 黑色眼睛和白色眼睛重叠放好后缝合在一起。

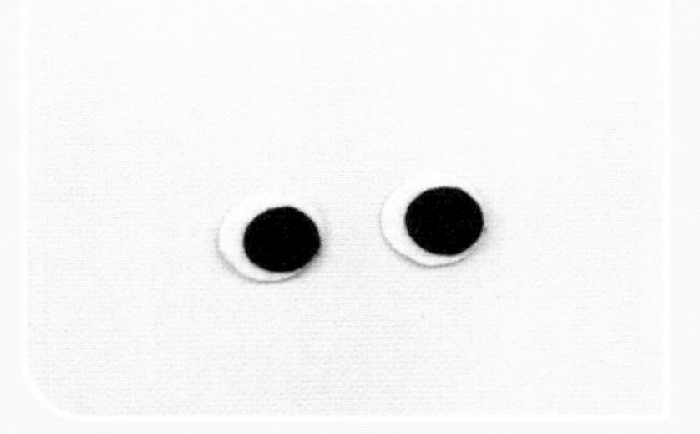

21 眼睛缝制好的样子。

22 将眼睛缝制在脸部合适的位置。

23 眼睛缝制好的样子。

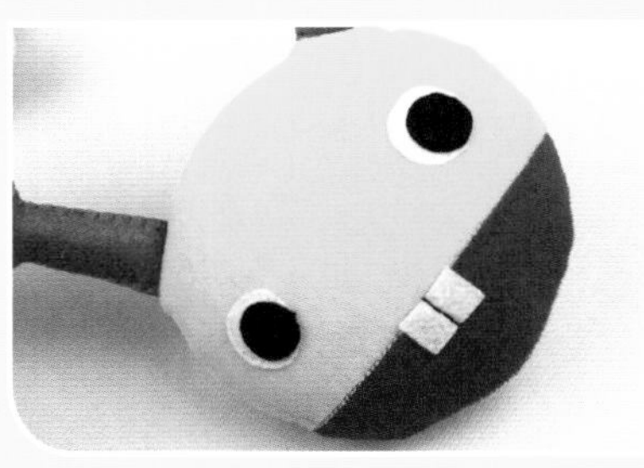

24 裁出毛毛虫的牙齿后缝制在合适的位置。

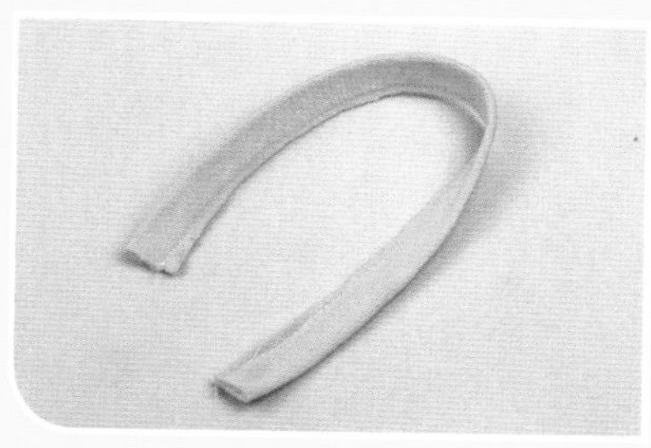

25 裁出一个长条，正面相对对折缝合。

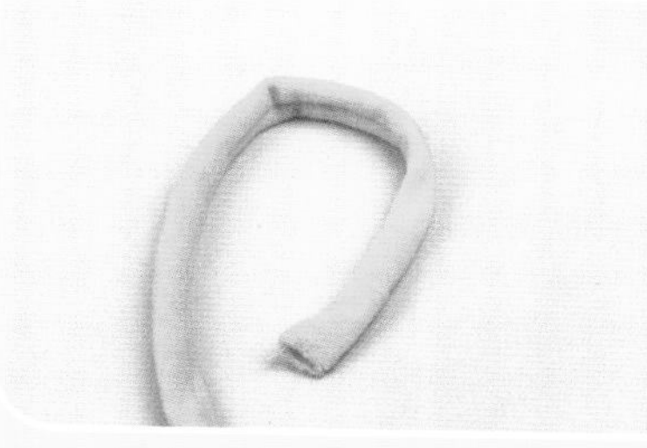

26 长条做好翻到正面。

27 裁出两片圆形布片备用。

28 裁出一片红色心型，将心型缝制在其中一片圆形布片的中心位置。

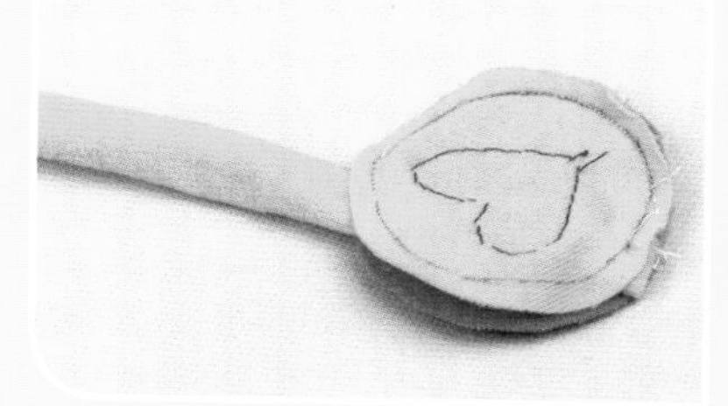

29 如图所示将两片圆形布片正面相对的一起缝合一圈，将之前缝制好的带子一起缝合后并留出翻口。

30 翻至正面后填充珍珠棉，填充的过程中把bb气囊一起放进去。

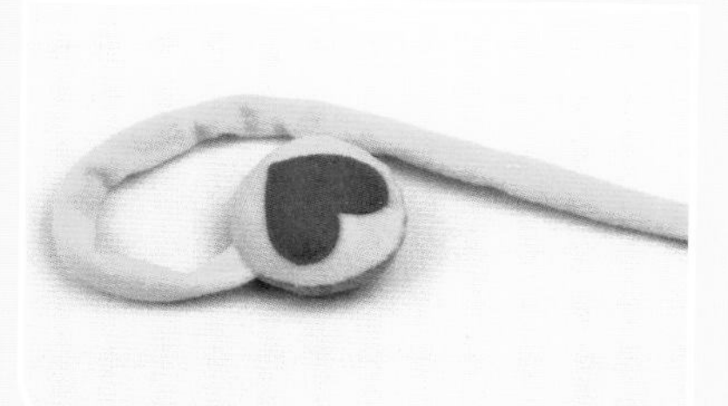

31 用藏针法缝合。

32 将所有形状串起来。

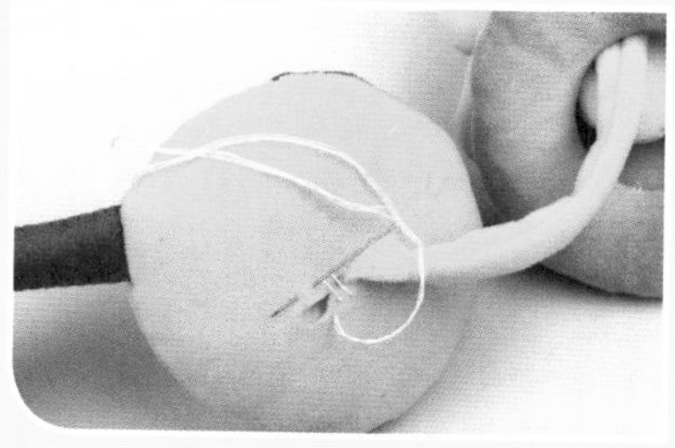

33 用藏针法将绳和头部翻口缝合在一起。

34 可爱的毛毛虫就做好了!

✂ No.30
草莓娃娃

图纸：第134页

材料 草莓碎花布 30cm × 50cm
粉色点点布 15cm × 50cm

辅料 玫红色不织布 10cm × 10cm
黑色纽扣 1对
PP棉 150g

1 裁出4片耳朵，每两片正面相对留翻口缝合。然后翻至正面并填充少许PP棉。

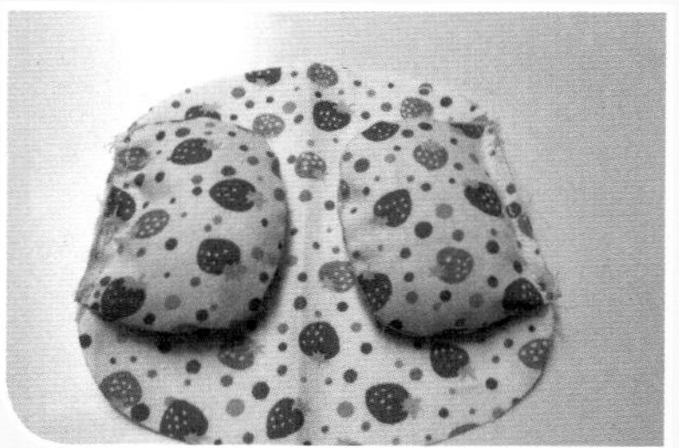

2 剪出两片脸片，将两个耳朵固定在其中一个脸片的两侧。

3 如图将脸片正面相对缝合，脖子部位留出翻口。

4 脸部翻至正面。

5 将头部填充足够的PP棉。

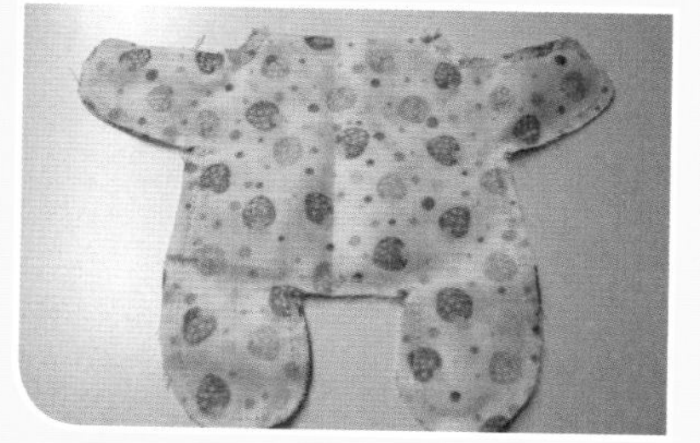

6 剪出两片身体，正面相对缝合，脖子部位留口。

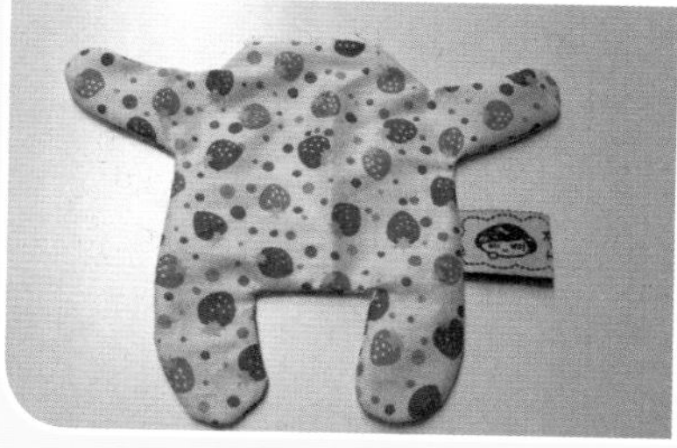

7 翻至正面。

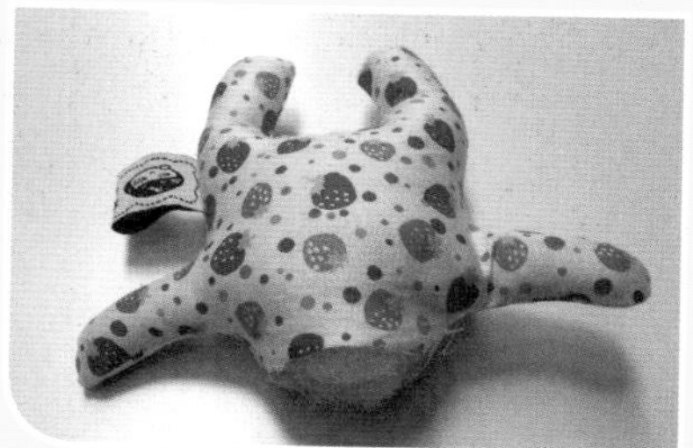

8 将身体填充足够的PP棉。

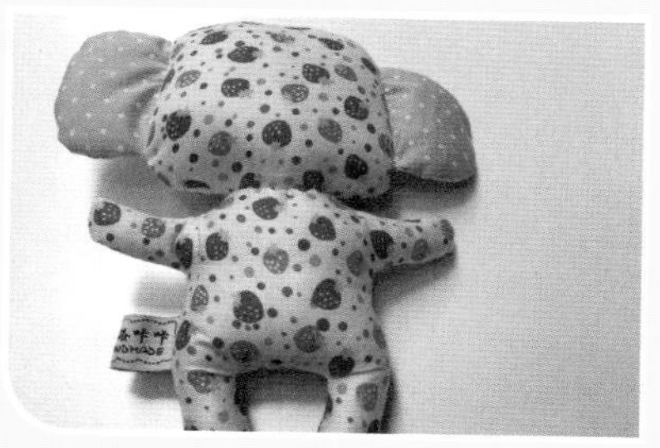

9 头部和身体用藏针法缝合。

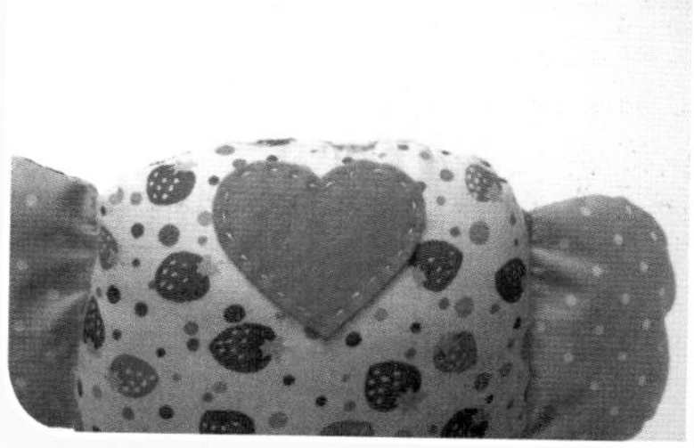

10 剪一片心形的不织布布片，缝制在娃娃的额头中间。

11 用黑色扣子做眼睛，缝制在脸部合适的位置。

12 用黑色线绣出娃娃的嘴巴。

13 给娃娃涂上腮红系上围巾。

14 可爱的大耳朵娃娃就完工了。

图纸：第120页

材料

黄色点点布	15cm×25cm
绿色格子布	15cm×25cm
蓝色碎花布	15cm×25cm
红色点点布	15cm×25cm
绿色碎花布	15cm×25cm
棕色碎花布	10cm×10cm
蓝色点点布	5cm×10cm

辅料

黑色纽扣眼睛	1对
PP棉	300g
红色织带	30cm

1 首先剪出2片蜗牛脸，身体5款花布每款各剪出2片。

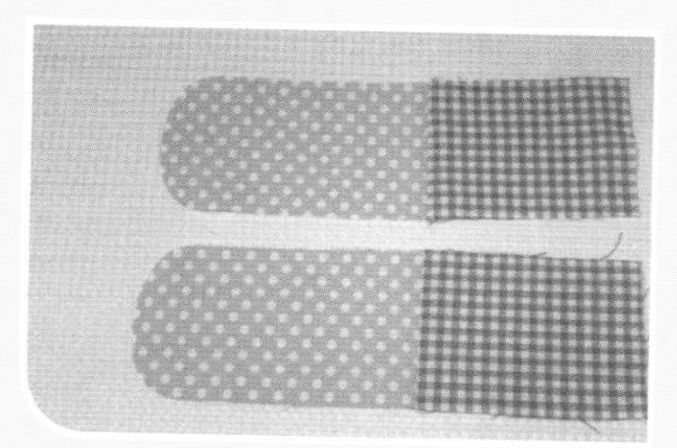

2 如图将脸片和身体缝合。

3 将身体5款花布分别缝合，花色可随意组合。

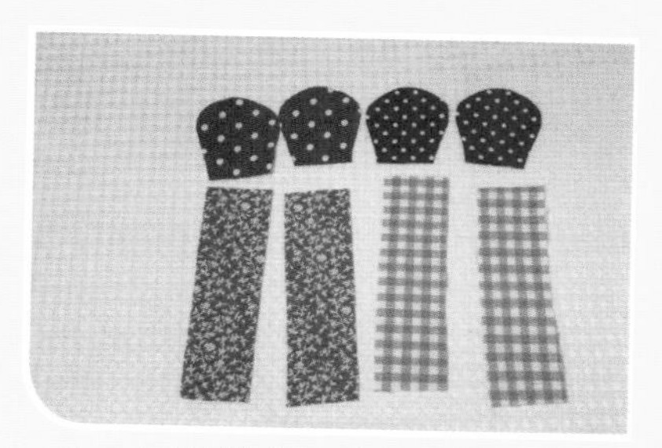

4 如图剪出蜗牛的两只触角。

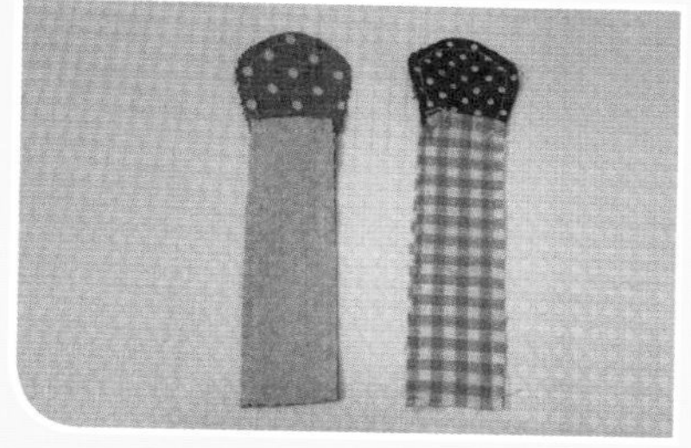

5 如图缝合，下面留翻口。

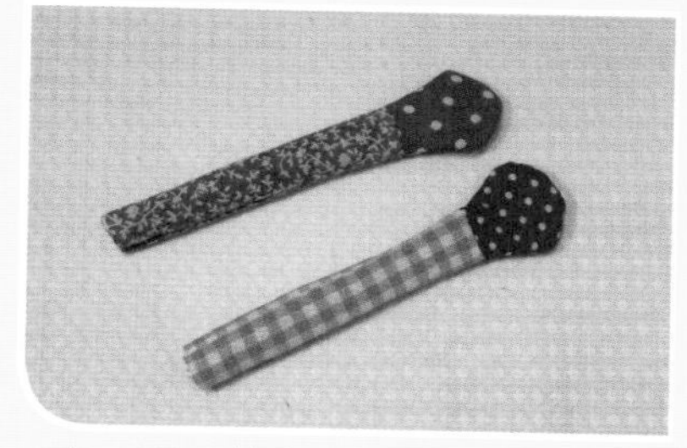

6 两只触角翻转过来后。填充少许PP棉。

7 如图将两只触角固定在脸片合适的位置。

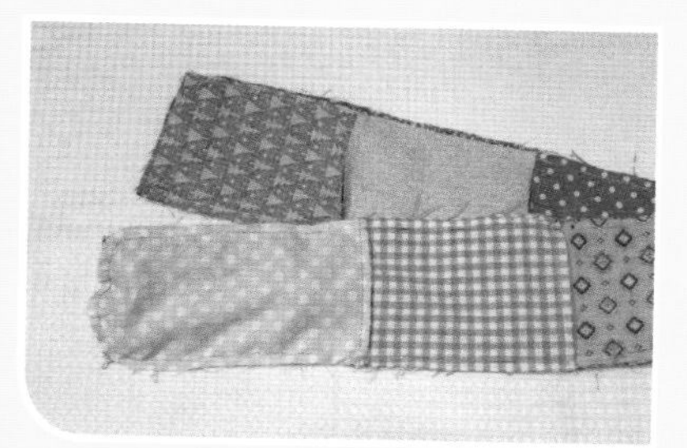

8 将身体两片正面相对缝合一圈，留3-4mm翻转口。

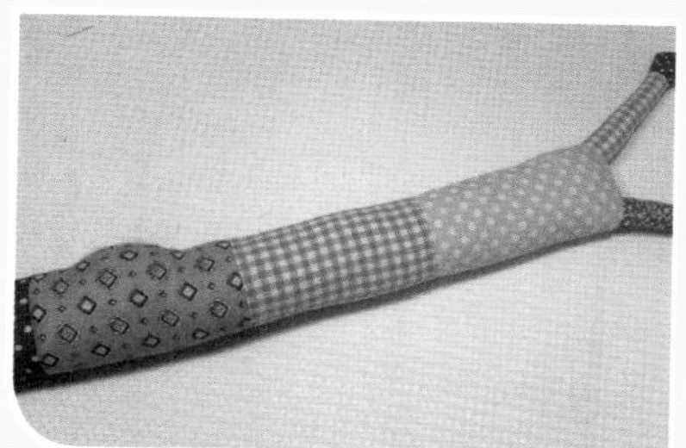

9 均匀的将蜗牛身体填充足够的PP棉。

10 如图从尾巴根部向外卷，系上丝带固定，为了结实可以再用线固定一下。

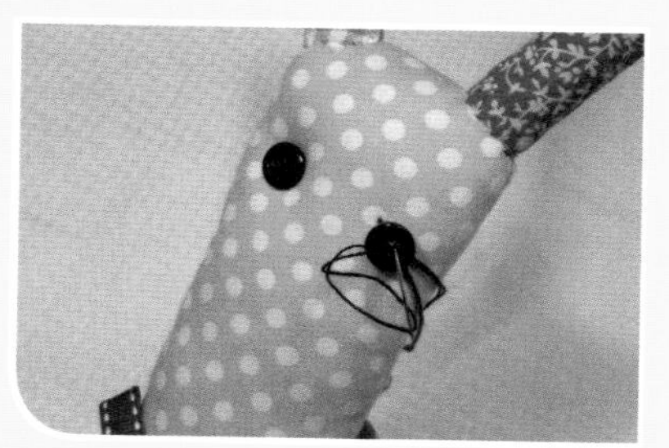

11 如图将两个黑色纽扣缝制在脸部合适的位置当作眼睛。

12 用红色线绣出微笑的嘴巴。

13 可爱的蜗牛就做好了。

✂ No.32
黄小鸭

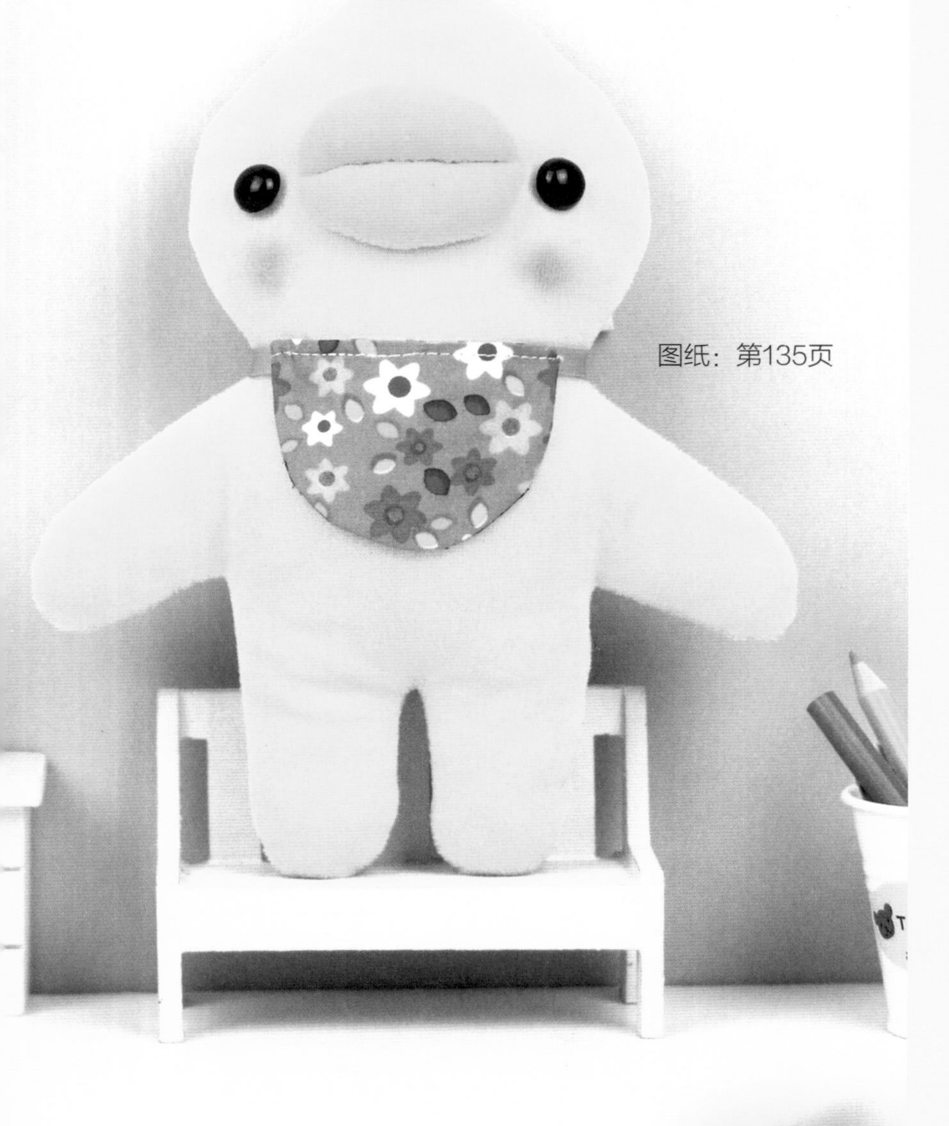

图纸：第135页

材料	黄色绒布	25cm × 30cm
	橘黄色绒布	6cm × 8cm
	蓝色花布	15cm × 20cm
辅料	浅蓝色缎带	50cm
	黑色眼睛	1对
	PP棉	100g

1 两片布正面相对，如图在布的背面画出身体的形状。

2 沿着画好的线缝制一圈，腿部留4cm左右的翻口，然后将多余的布边剪掉。

3 身体翻至正面后填充足够的PP棉。

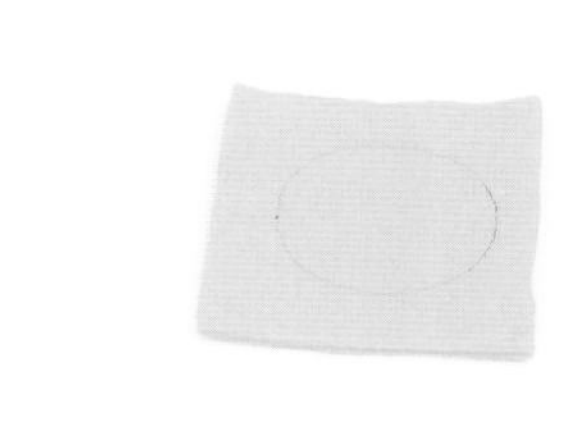

4 两片布正面相对画出嘴巴的形状。

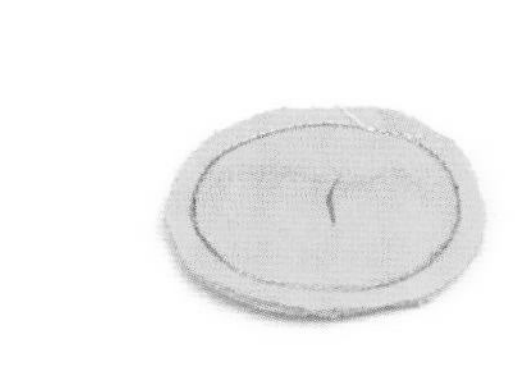

5 沿着画好的线缝制一圈，然后在其中一面剪一个充棉口。

6 翻正后填充少许珍珠棉并把充棉口用藏针法缝合。

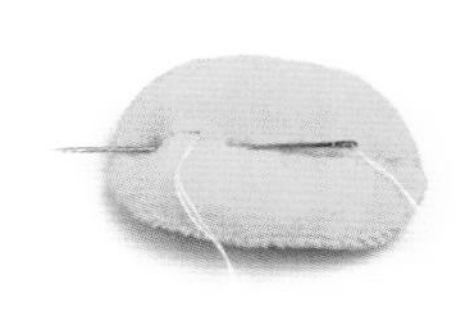

7 如图将嘴巴中间缝线。

8 缝制好嘴巴的样子。

9 将嘴巴缝制在脸部合适的位置，也可以直接用热熔胶枪粘在脸上。

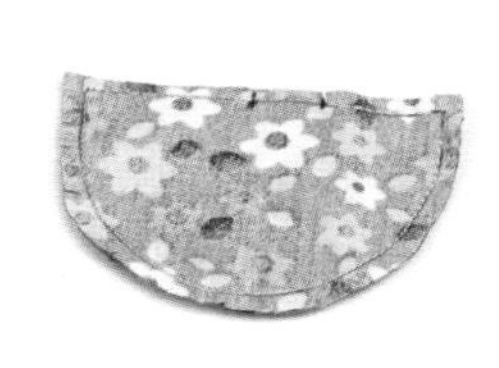

10 两片花布正面相对画出围兜的形状，然后沿着画好的线缝制一圈，留一个翻口。

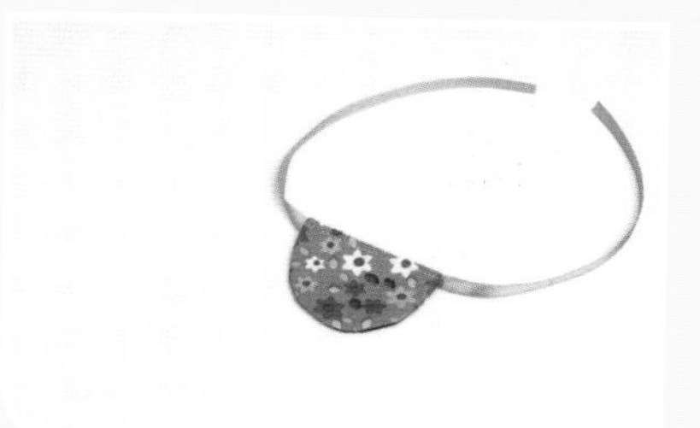

11 围兜翻到正面后用藏针法将翻口缝合后，将围兜直接缝制在缎带上就可以了。

12 将眼睛缝制在脸部合适位置并系上围兜。

13 均匀的涂上腮红。可爱的黄小鸭就完成了。

No.33
卖萌熊

图纸：第136页

材料　白色羊羔绒　21cm×30cm
红色点点布　15cm×21cm
粉色不织布　8cm×10cm

辅料　PP棉　150g
红色丝带　30cm

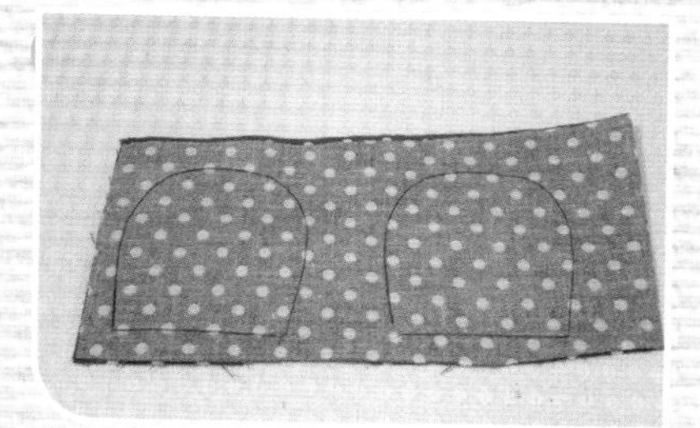

1 如图将布正面朝里对折画出耳朵形状。

2 如图缝制耳朵，剪掉多余的布边。

3 如图将布正面朝里对折画出胳膊和腿的形状。

4 如图缝制胳膊腿，剪掉多余的布边。

5 将缝制好的胳膊和腿翻至正面，填充PP棉。

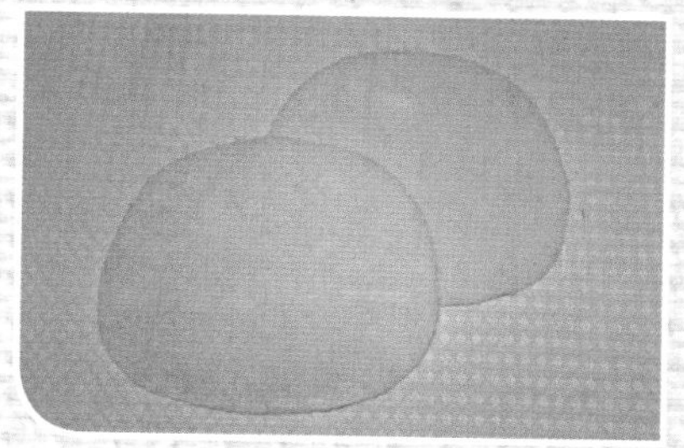

6 剪出2片头部。

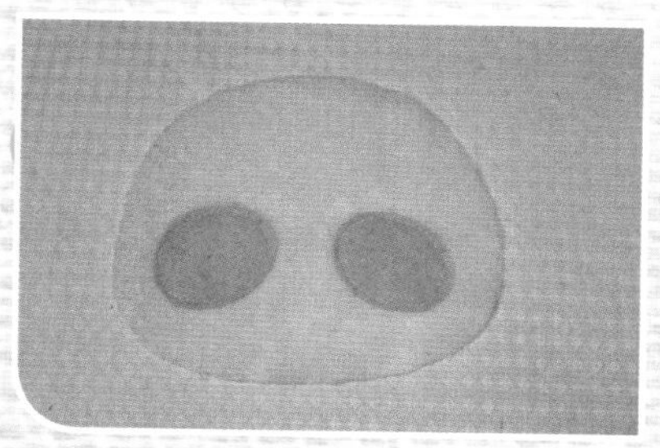

7 剪出2片眼睛，如图缝制。

8 将耳朵固定在头部合适的位置。

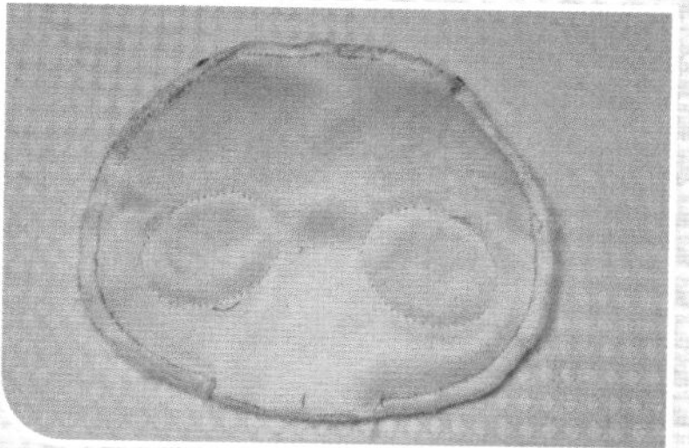

9 头部两片正面相对缝合一圈，脖子部位留4~5cm的翻口。

10 头部缝好翻至正面。

11 剪出两片身体，如图将胳膊和腿固定在其中一片身体合适的位置。

12 身体两片正面相对缝合，脖子部位不缝合。

13 身体翻至正面。

14 在头部和身体填充足够的PP棉。

15 头部和身体缝合。

16 用黑色线缝制小熊的眼睛，缝制之前可以先用笔画出眼睛的形状

17 用黑色线缝制鼻子。

18 系一个蝴蝶结缝制在脖子中间。

19 可爱的小熊就完成了。

No.34 拼布小熊

图纸：第137页

材料	碎花布	20cm × 30cm
辅料	PP棉	150g
	丝带	20cm
	黑色纽扣眼睛	1对

1 首先剪出4片耳朵。

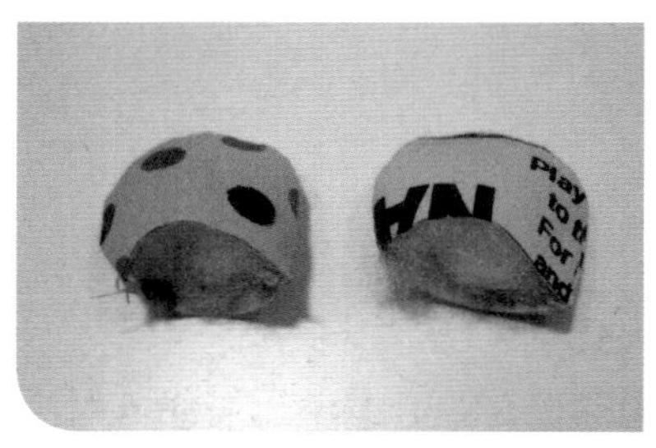

2 不同花色各取一片正面相对留翻口缝合，缝好2对。再翻到正面，填充少许PP棉。

3 裁两片侧脸，正面相对如图缝合。

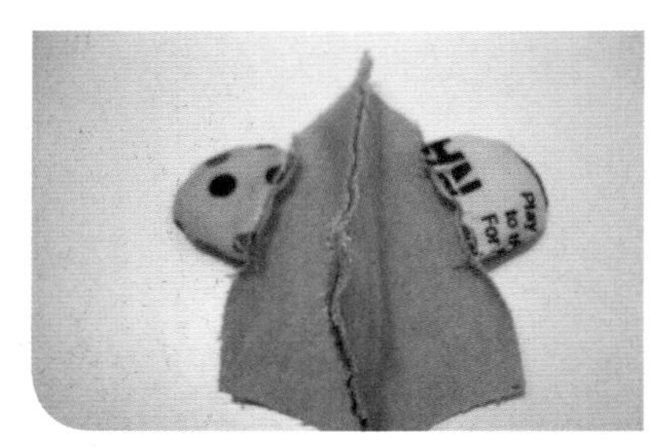

4 将耳朵固定在脸片上。

5 裁两片后脑。正面相对缝合一侧的二分之一。

6 将脸片和后脑正面相对缝合，脖子部位不缝合。

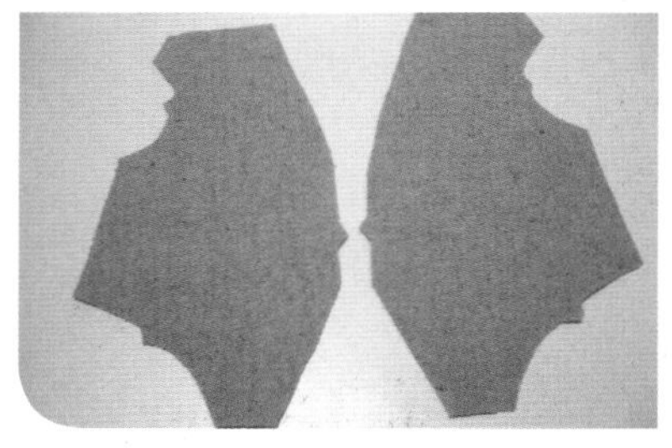

7 剪出两片后背。

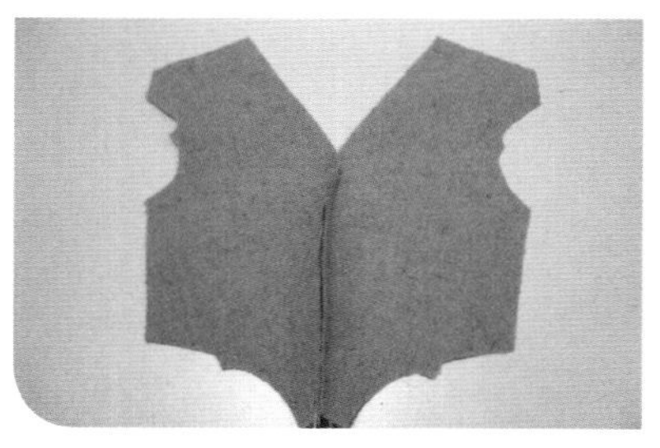

8 正面相对如图缝合三分之二。

9 将外腿缝制在后背身体片上。

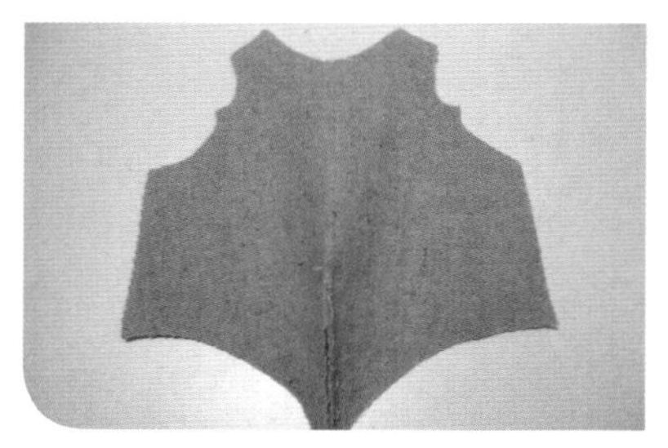

10 将肚皮的褶缝合。

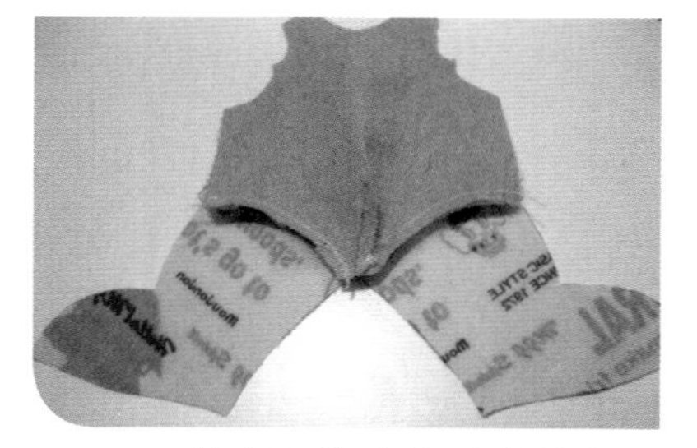

11 将内腿缝合在肚皮片上。

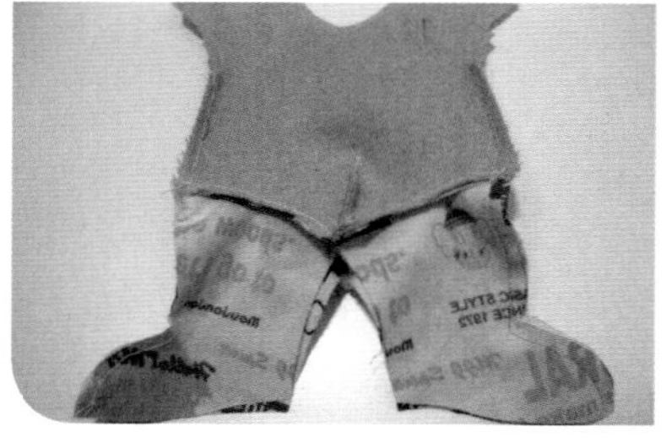

12 前身和后身正面相对缝合两侧。

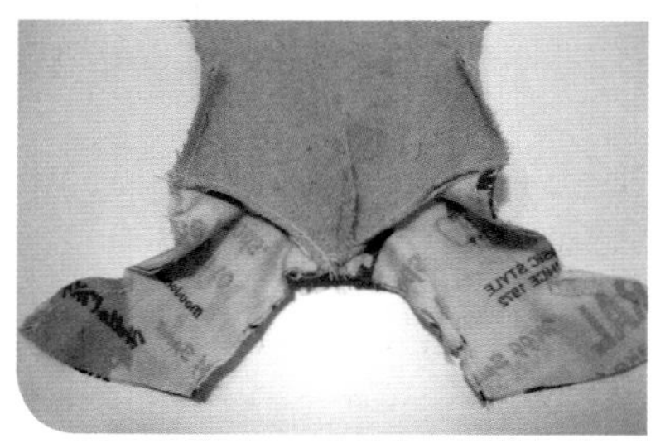

13 如图将裆部缝合。

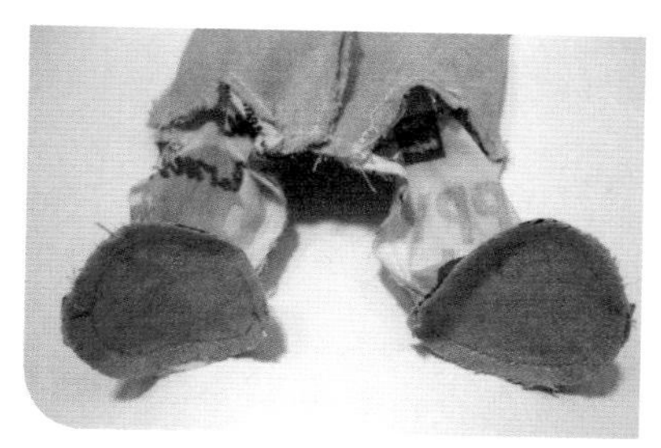

14 将两片脚底缝合。

15 将两片内胳膊如图缝制身体上。

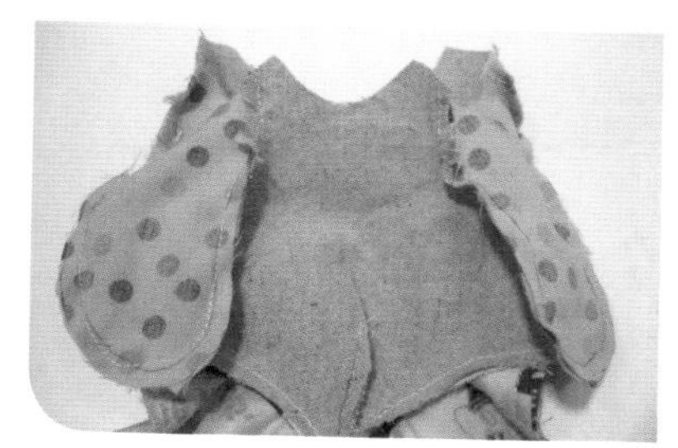

16 外胳膊和内胳膊正面相对缝合。

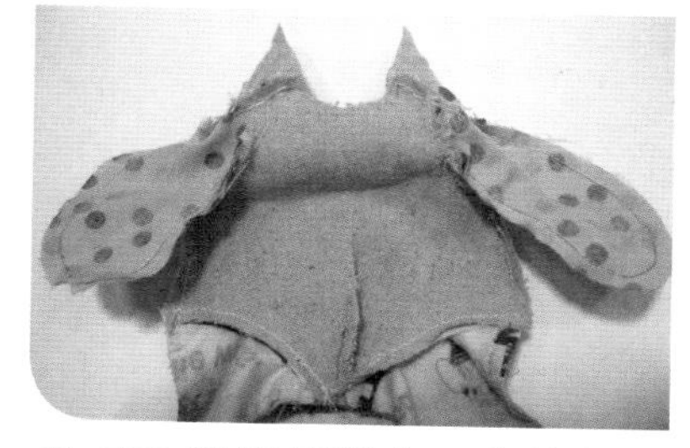

17 将肩部缝合，身体就完成了。

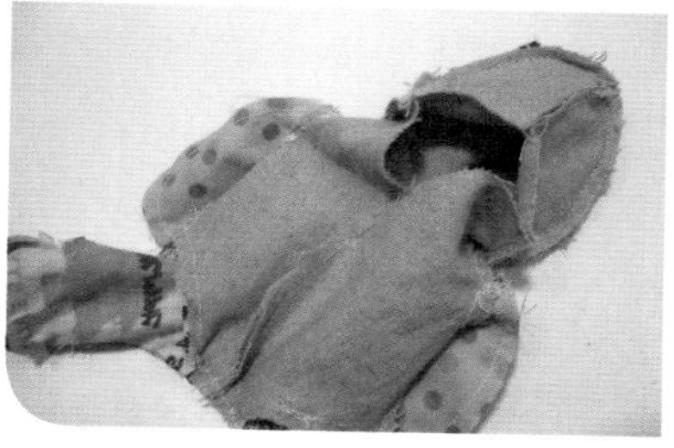

18 将头和身体缝合。

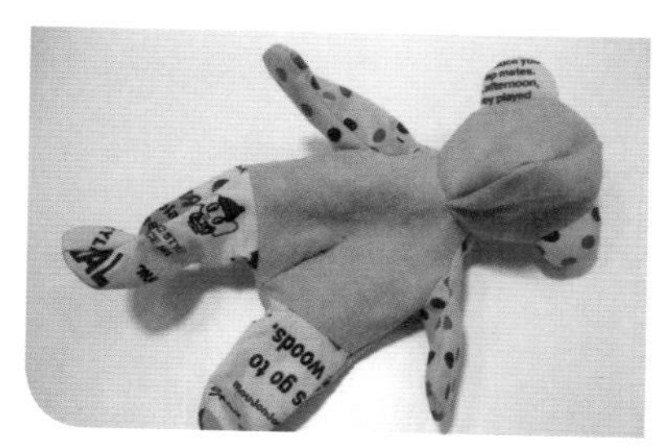

19 身体翻至正面。

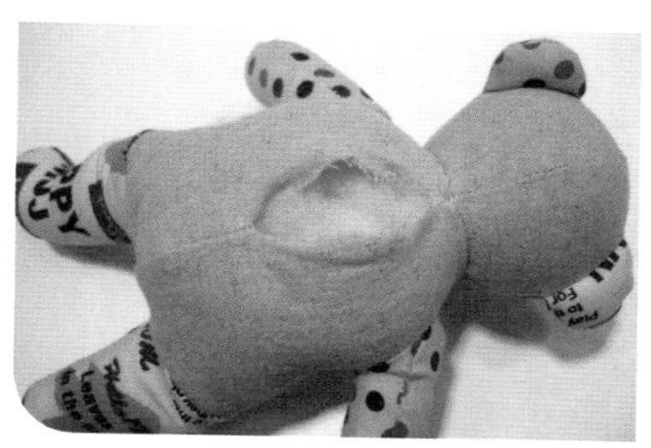

20 填充足够的PP棉。

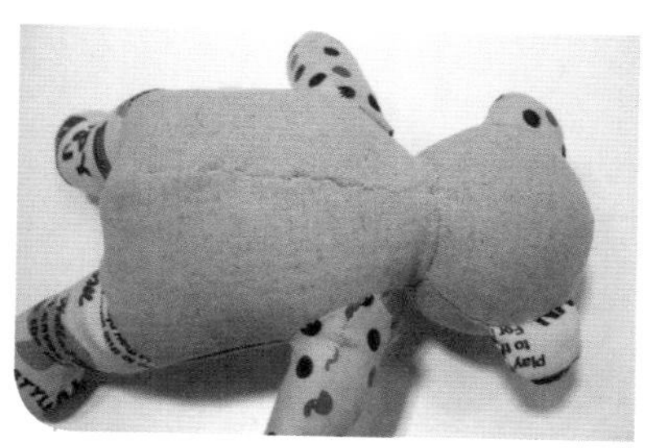

21 用藏针法将充棉口缝合。

22 用黑色线绣出三角形鼻子。

23 将眼睛缝制在合适的位置。

24 系上可爱的蝴蝶结。

25 可爱的拼布小熊就完成了。

No.35 青蛙王子

图纸：第138页

材料 绿色天鹅绒 25cm×30cm
绿色碎花布 15cm×20cm

辅料 墨绿色缎带 50cm
黑色眼睛 1对
PP棉 100g

1 将两片布正面相对铺平，把图纸放在布的反面用水消笔画出身体的形状。

2 沿线缝制一圈，在腿的右侧留一个4cm左右的翻口，并将多余的布边剪掉。

3 将身体翻至正面。

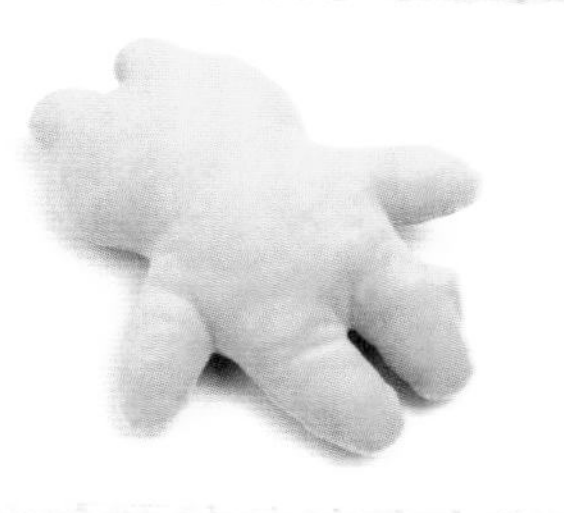

4 将身体填充足够的珍珠棉。

5 将眼睛缝在合适的位置。

6 两片布正面相对缝合，留一个翻口。

7 围兜翻至正面。

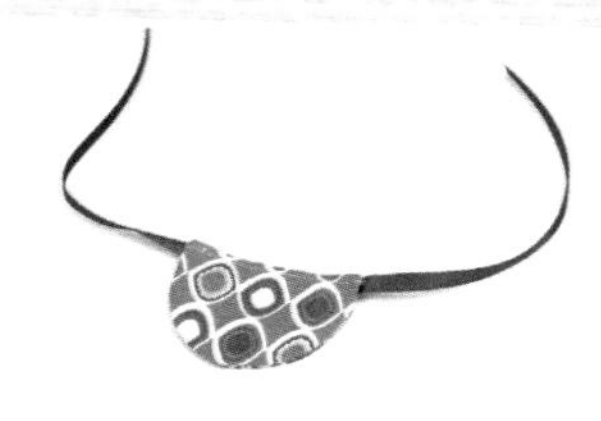

8 围兜上缝一根丝带。

9 用红色线缝制青蛙的鼻孔和嘴巴。

10 涂上腮红，一只可爱的青蛙就完工了。

No.36
蛇宝宝

图纸：第139页

材料

白色绒布	30cm×50cm
黄色绒布	5cm×15cm
紫色格子布	10cm×22cm
黑色不织布	5cm×10cm

辅料

绒毛球	1个
BB气囊	1个
PP棉	100g

1 两片布正面相对铺平，把图纸放在布的反面用水消笔画出身体和头冠的形状。

2 沿线缝制头冠后，底部留口不缝，将多余的布边剪掉。

3 头冠翻到正面后填充少许珍珠棉。

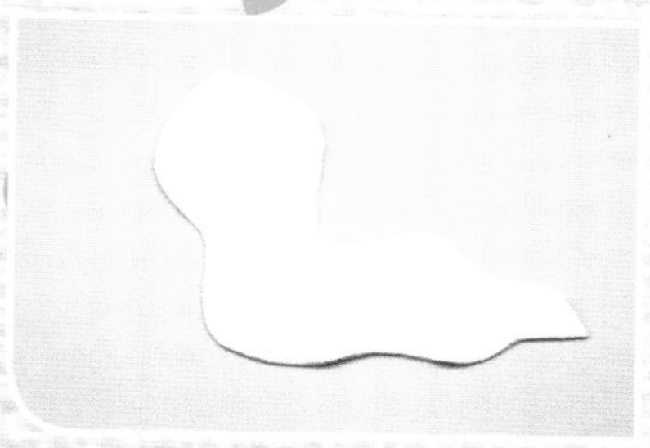

4 沿线缝制身体，缝到头的部位将头冠夹在两片布的中间一起缝，最后在蛇的肚子部位留4cm左右的翻口。

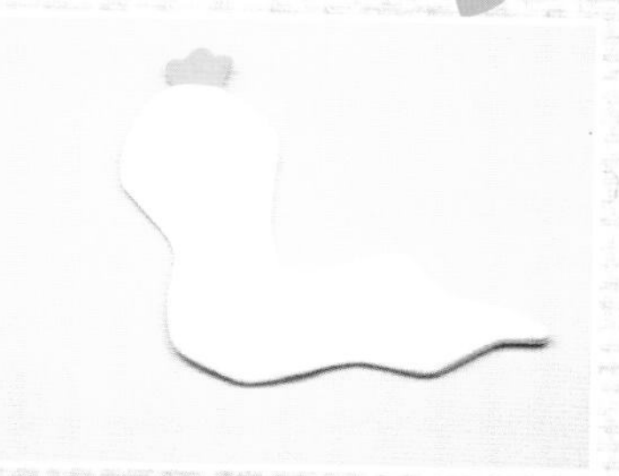

5 身体缝好翻至正面。

6 均匀的填充足够的珍珠棉，填充珍珠棉的时候顺便把BB气囊一起放进去。

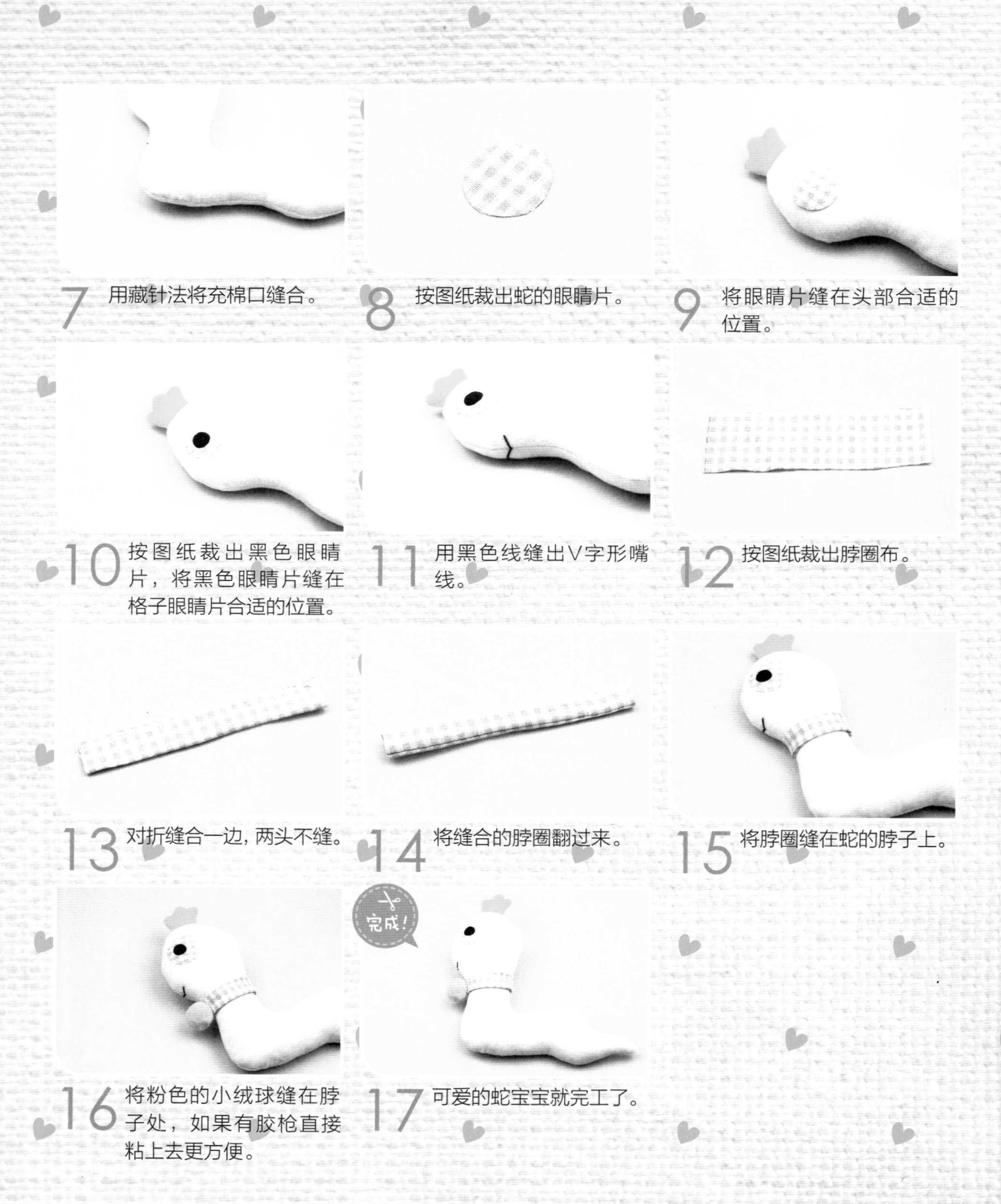

7 用藏针法将充棉口缝合。

8 按图纸裁出蛇的眼睛片。

9 将眼睛片缝在头部合适的位置。

10 按图纸裁出黑色眼睛片，将黑色眼睛片缝在格子眼睛片合适的位置。

11 用黑色线缝出V字形嘴线。

12 按图纸裁出脖圈布。

13 对折缝合一边，两头不缝。

14 将缝合的脖圈翻过来。

15 将脖圈缝在蛇的脖子上。

16 将粉色的小绒球缝在脖子处，如果有胶枪直接粘上去更方便。

17 可爱的蛇宝宝就完工了。

No.37
圣诞小熊

图纸：第140页

圣诞小熊制作教程

材料 棕色超柔短毛绒 30cm×50cm
白色超柔短毛绒 5cm×10cm
暗红色点点布 15cm×20cm

辅料 白色不织布 5cm×10cm
PP棉 100g
黑色眼睛 1对

1 耳朵裁4片，每两片正面相对缝合留翻口，然后翻正。

2 将耳朵固定在脸片合适的位置上。

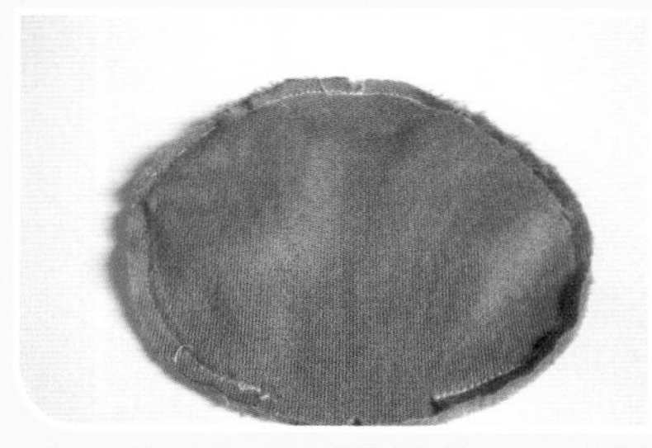

3 将脸片和后脑片缝合，脖子处留约3cm的翻口。

4 翻正后，在如图位置缝上眼睛。

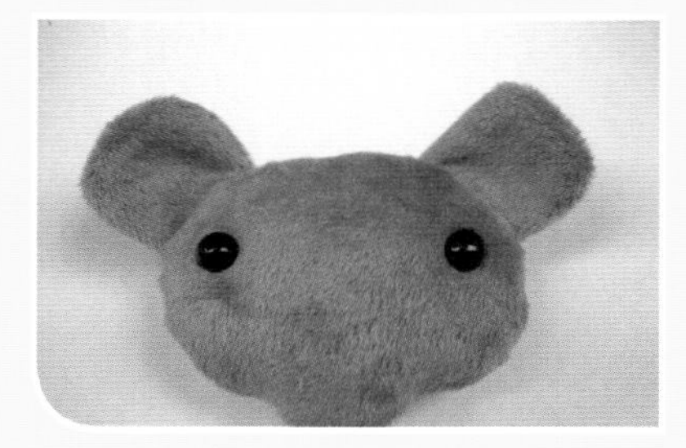

5 将缝制好的熊头均匀的填充PP棉。

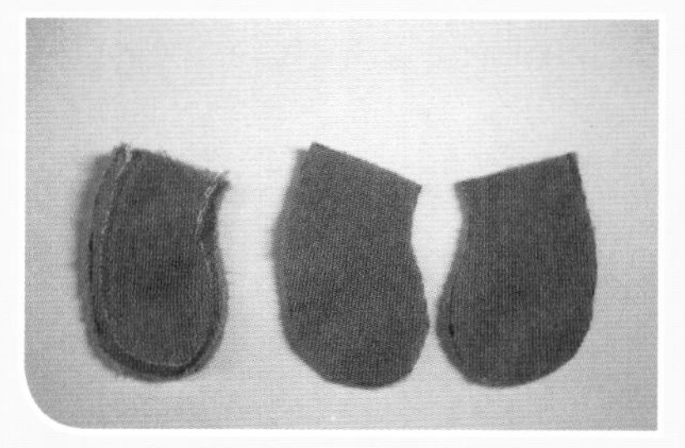

6 剪出4片胳膊，每两片正面相对缝合，

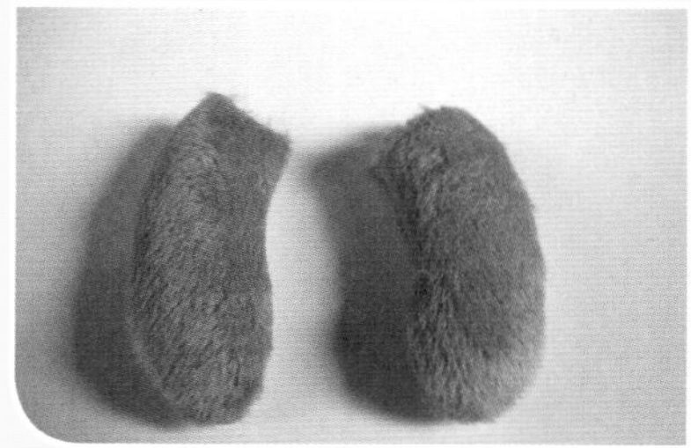

7 将缝制好的胳膊翻正后填充足够的PP棉。

8 剪出4片腿片，每两片正面相对缝合。

9 将缝制好的腿翻面后填充足够的PP棉。

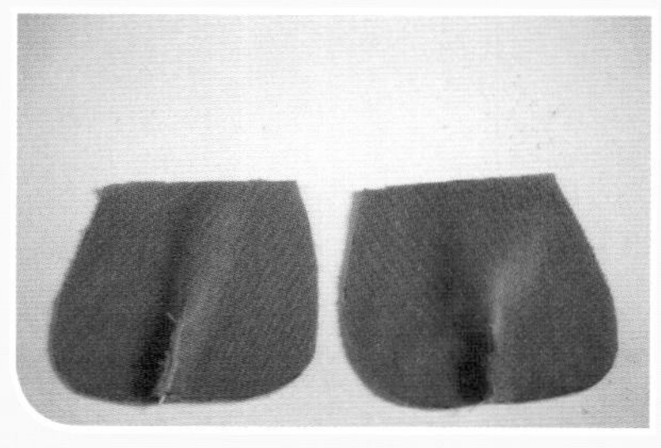

10 剪出两片身体，首先把身体的褶缝合。

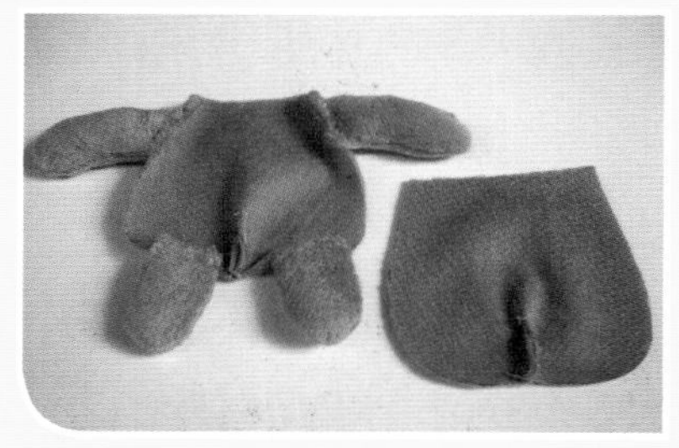

11 将胳膊和腿固定在身体上。

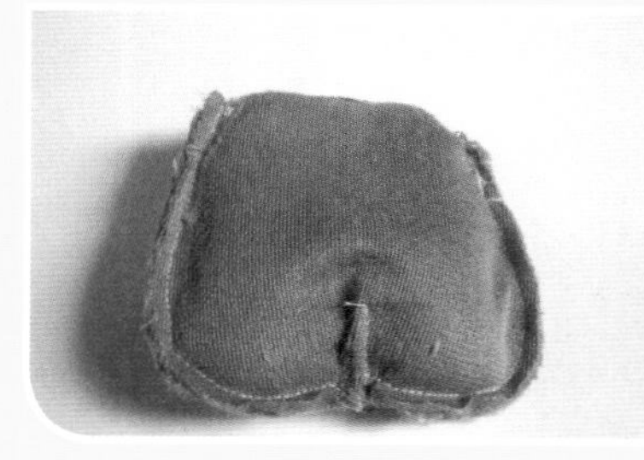

12 两片身体正面相对缝合，脖子部位不要缝合。

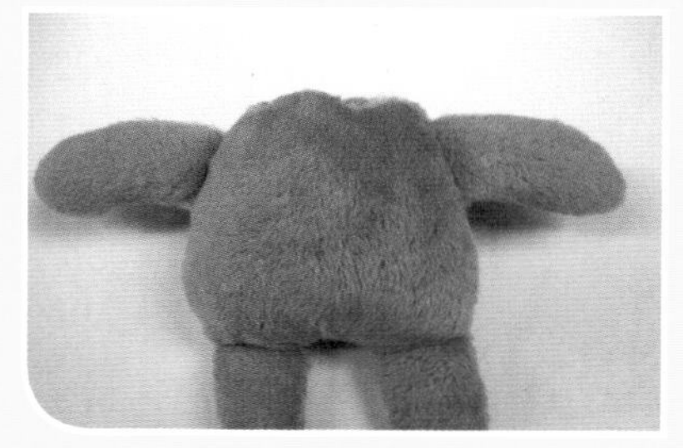

13 将身体翻至正面，填充足够的PP棉。

14 头和身体接缝在一起。

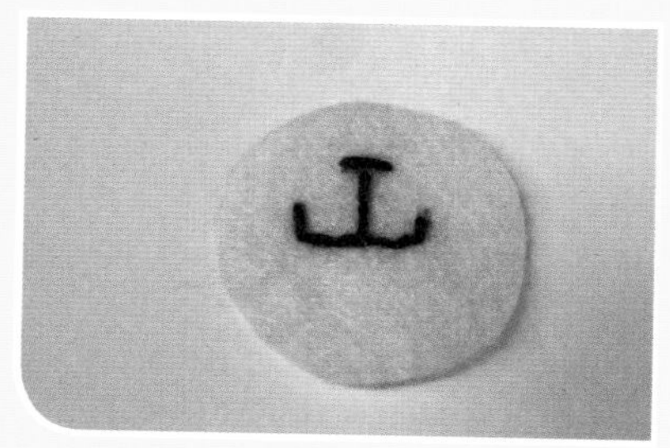

15 剪出一片圆片，用黑色线绣出鼻子和嘴巴。

16 将绣好的鼻子片缝制在脸片上。

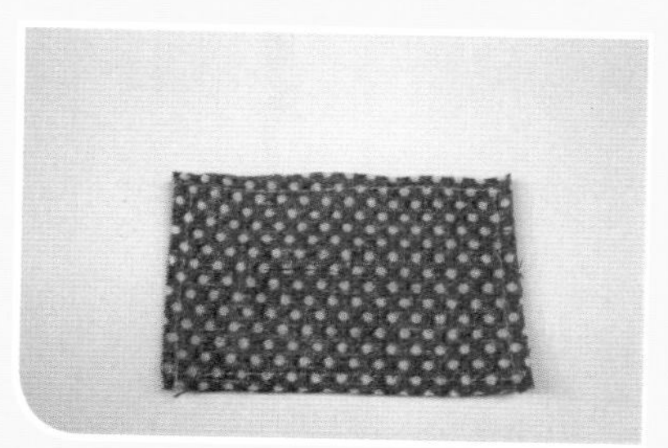

17 剪出一片长方形小布头。

18 做成蝴蝶结。

19 将做好的蝴蝶结缝制在小熊的脖子上。

20 剪两片长方形布片，正面相对缝合，翻正后填充PP棉，将袋口系起。

21 将做好的礼物袋缝制在小熊的手上。

22 准备三角布片和长方布条，将布条对折，分别缝制在布片上。

23 将三角形布片正面相对沿两侧缝合。

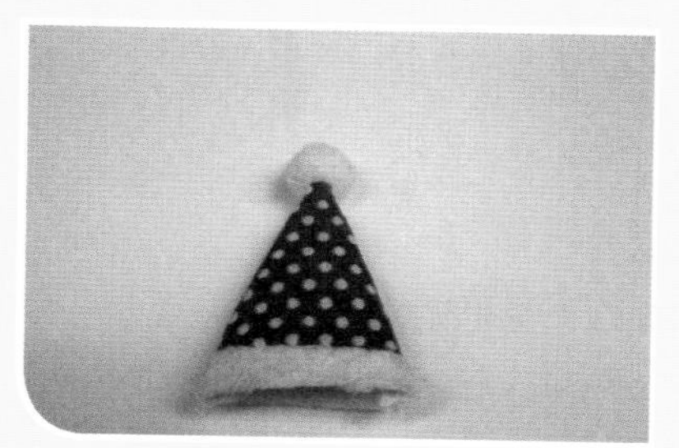

24 将帽子翻正。

25 将帽子缝制在小熊的头顶上。可爱的圣诞小熊就完成了。

No.38

糖果熊

图纸：第141页

材料	白色羊羔绒	30cm × 50cm
	粉色点点布	15cm × 20cm
	绿色点点布	15cm × 20cm
辅料	粉色不织布	10cm × 15cm
	黑色眼睛	1对
	PP棉	150g
	粉色丝带	20cm

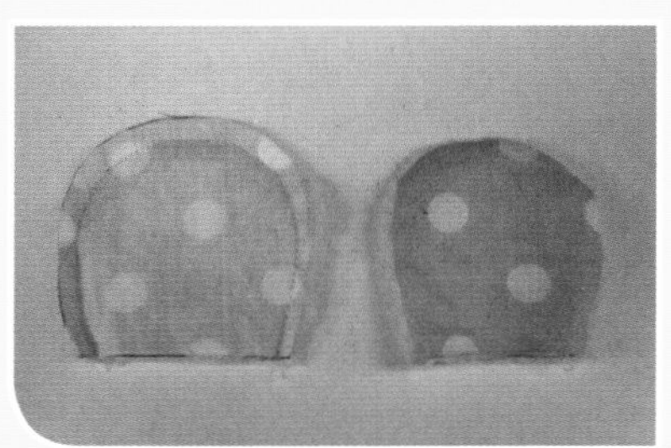

1 剪出4片耳朵，每两片正面相对缝合，翻至正面。

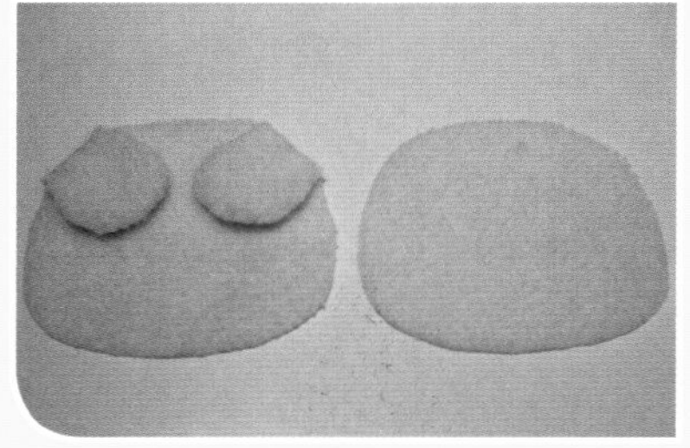

2 将耳朵固定在脸片合适的位置上。

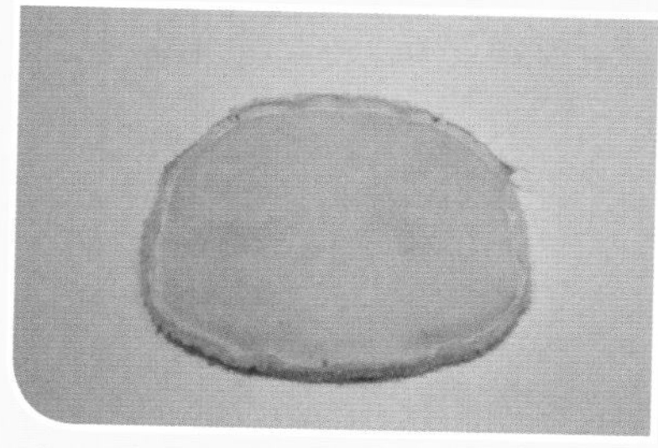

3 将脸片和后脑片正面相对缝合。

4 头部翻至正面。

5 将眼睛从正面安在合适位置，并从后面用垫片扣紧。然后均匀填入PP棉。

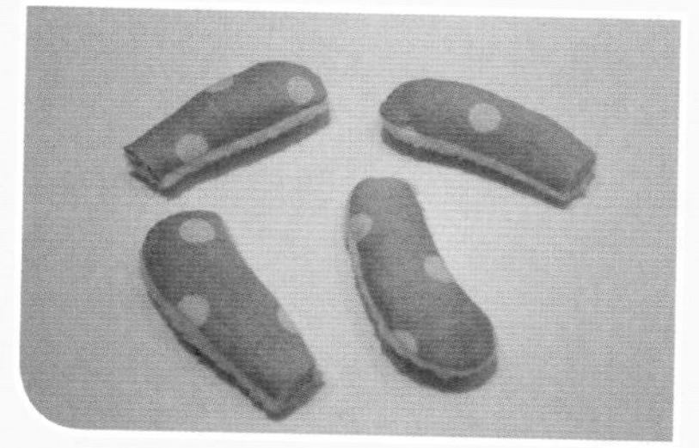

6 按图纸裁4片腿片，每两片正面相对缝合，填充PP棉。

7 把缝制好的胳膊和腿分别固定在身体上。

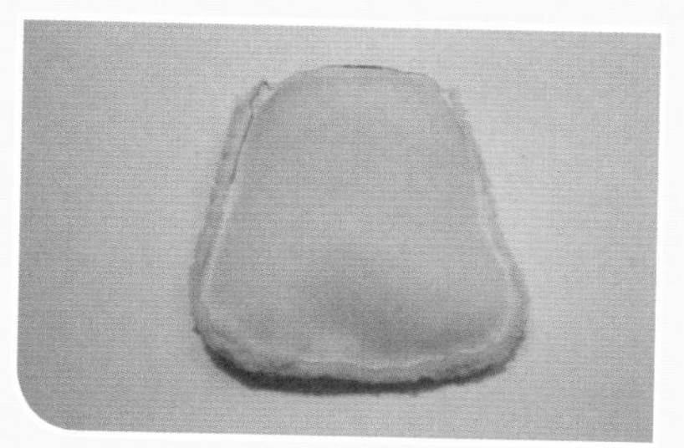

8 将身体两片相对缝合。

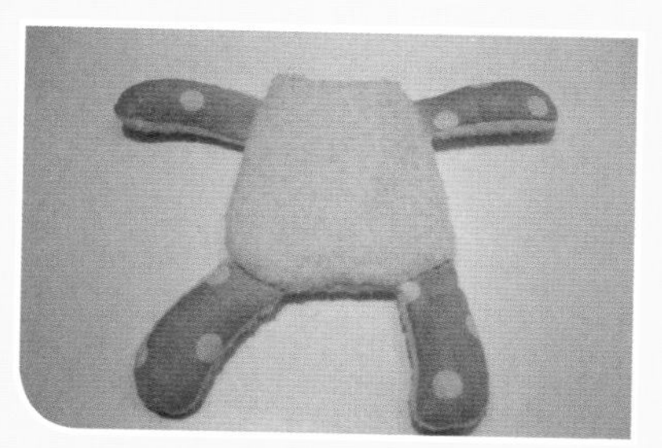

9 身体缝制完成后，翻至正面。

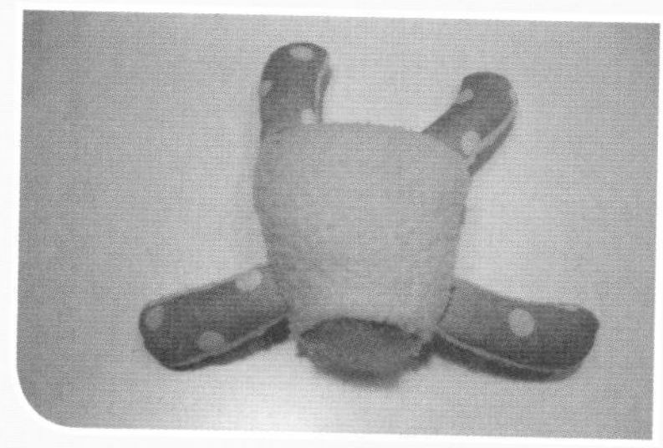

10 将身体均匀的填充好PP棉。

11 将身体和头部用藏针法缝接在一起。

12 用不织布剪出两片圆形腮红，并缝制在合适的位置。

13 用黑色线绣出鼻子和嘴巴。

14 在脖子上系上粉色的蝴蝶结，一个可爱的糖果熊就完成了。

图纸：第142页

材料 白色超柔短毛绒 30cm×40cm
粉色超柔短毛绒 10cm×15cm

辅料 黑色不织布 5cm×10cm
粉色不织布 5cm×10cm
PP棉 100g
红色点点布 10cm×15cm

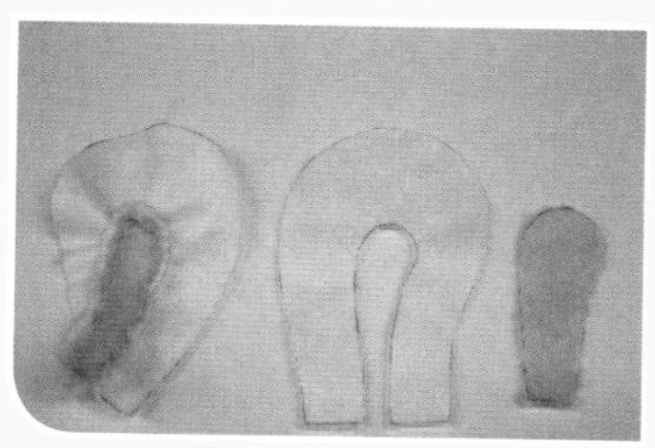

1 如图将内耳缝好。

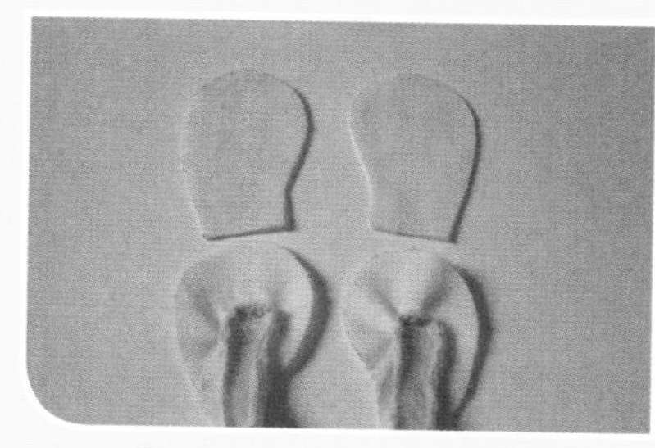

2 剪两片外耳。

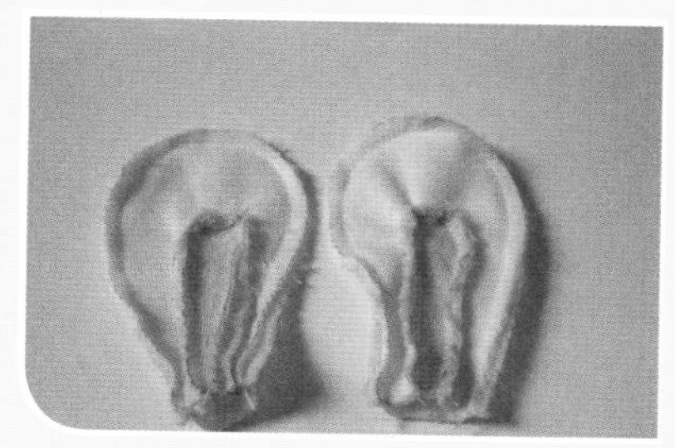

3 将内耳和外耳相对缝合。

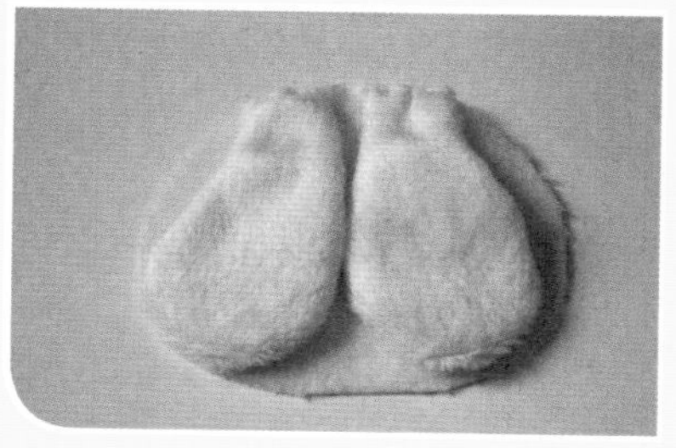

4 将耳朵固定在脸片上。

5 两片脸片如图相对缝合，脖子部位留充棉口。

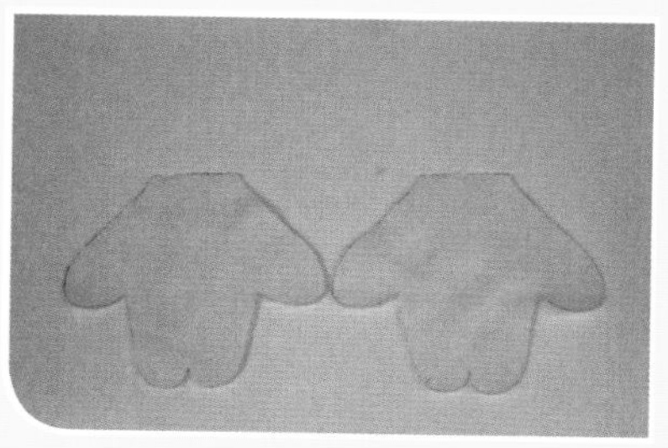

6 剪出两片身体。

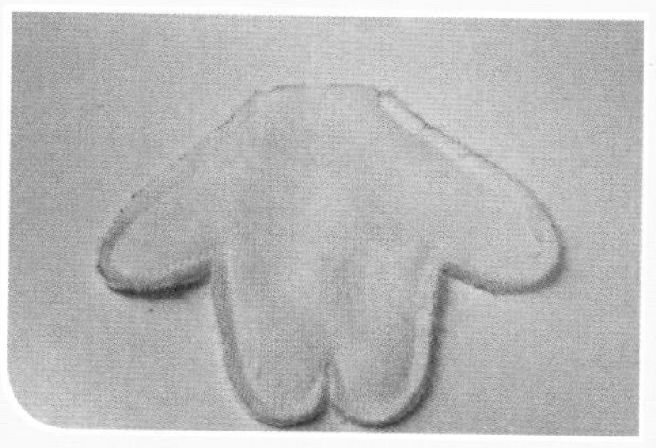

7 身体的两片相对缝合，脖子部位留出翻口。

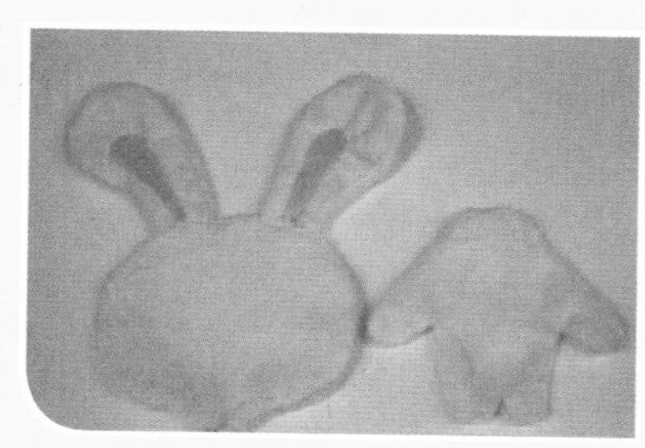

8 缝制好的头部和身体。

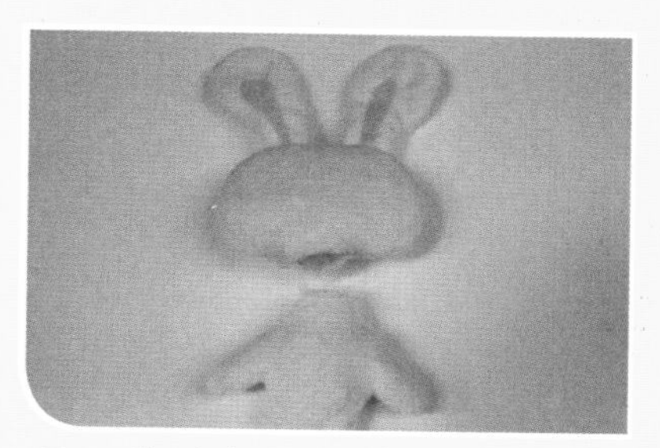

9 将头部和身体填充足够的PP棉。

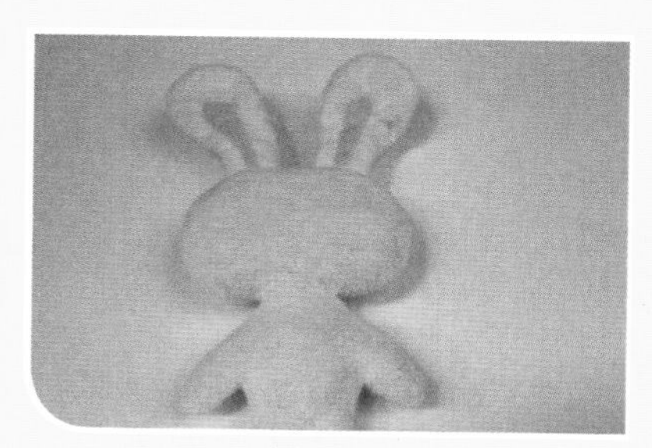

10 头部和身体缝合在一起。

11 将眼睛、鼻子、腮红、嘴线缝制在合适的位置。

12 绣出X型肚脐，然后剪一个三角巾系在兔兔的脖子上就ok了。

No.40 乡村兔子

图纸：第143页

材料	素色棉麻布	40cm×50cm
	暗红色点点布	10cm×10cm
辅料	麻绳	50cm
	金色绳	50cm
	黑色眼睛	1对
	PP棉	150g

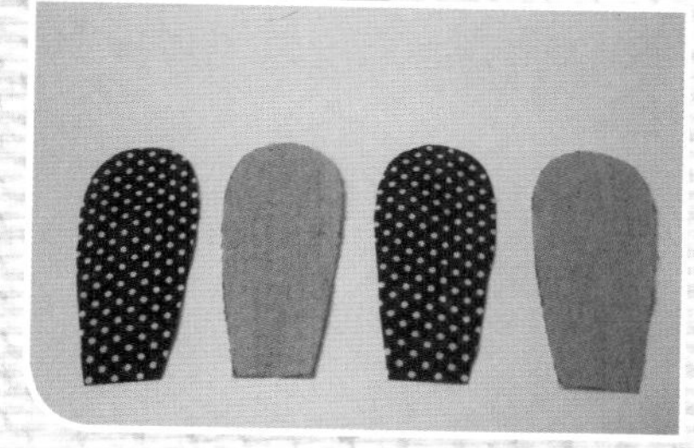

1 剪出4片兔子耳朵。

2 每两片正面相对缝合。

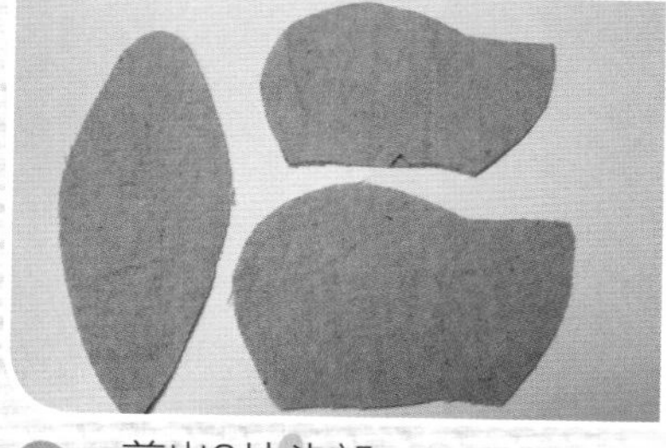

3 剪出3片头部。

4 如图分别将3片缝制在一起。

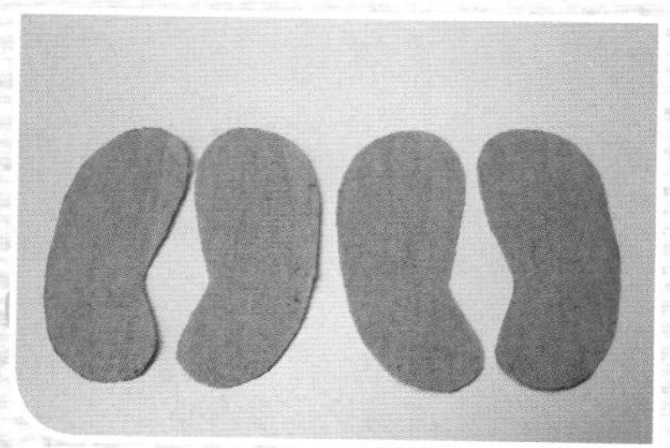

5 剪出4片胳膊。

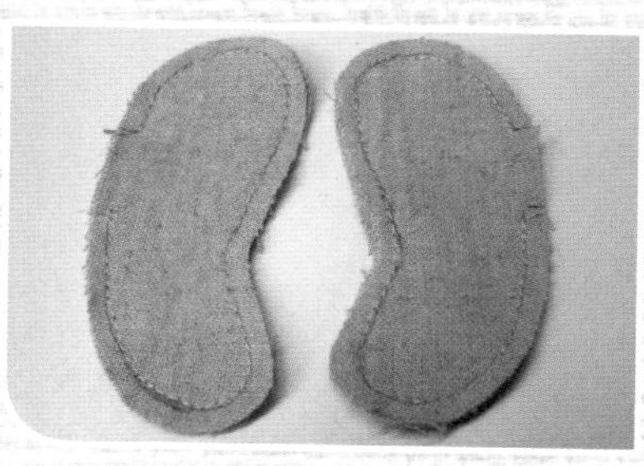

6 每两片正面相对缝合。

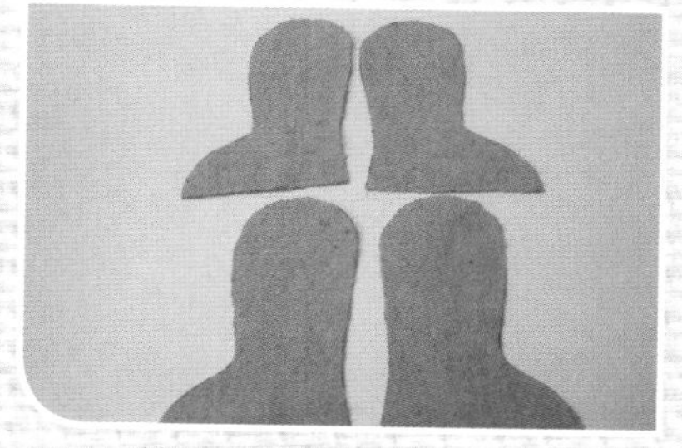

7 剪出4片腿片。

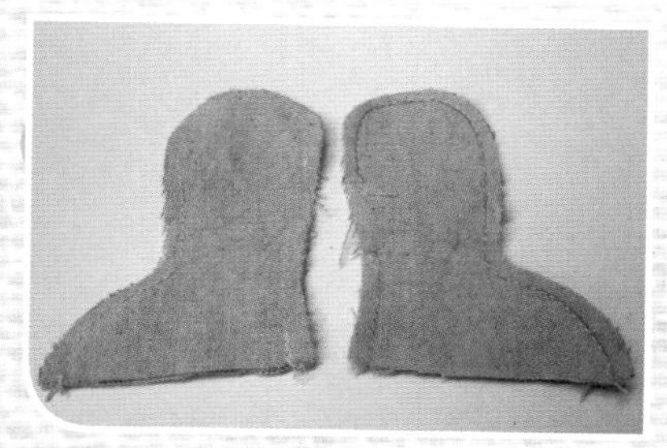

8 每两片正面相对缝合，留一个翻口。

9 将脚底如图缝合。注意要缝制仔细，成椭圆型。

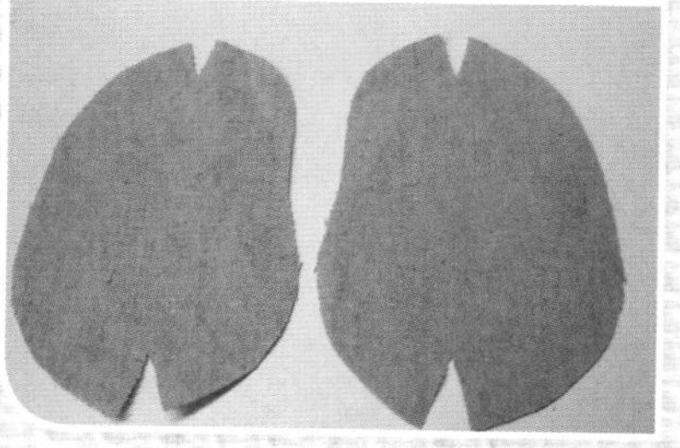

10 剪出两片身体，首先把身体的褶缝合，然后两片正面相对缝合，留3~4cm翻口。

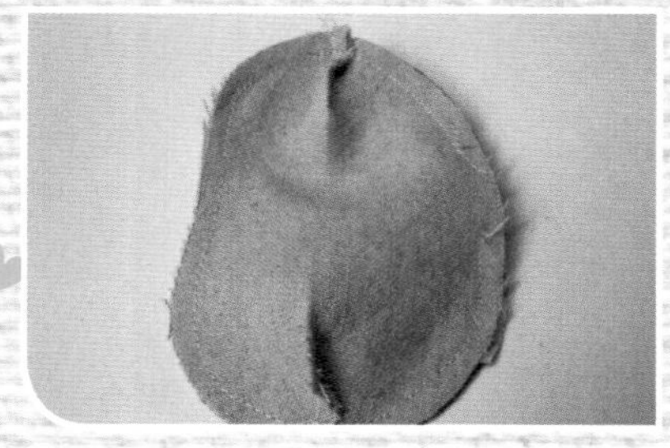

11 将缝制好的兔兔身体各部件如图翻至正面。

12 将各部件填充足够的PP棉。

13 如图将耳朵缝制在头顶合适的位置上。

14 将胳膊、腿、身体的充棉口用藏针法缝合。

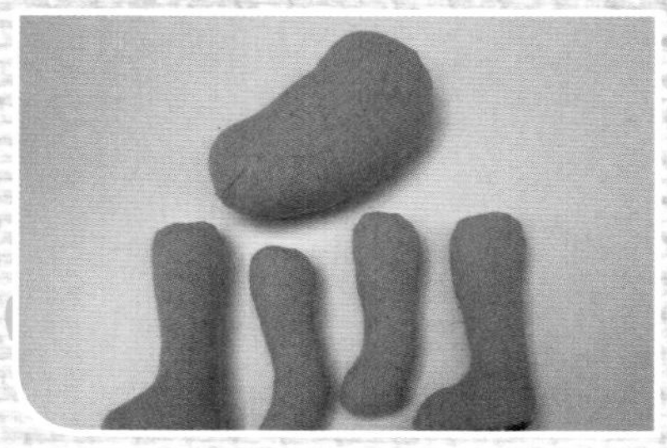

15 将头和身体缝合。

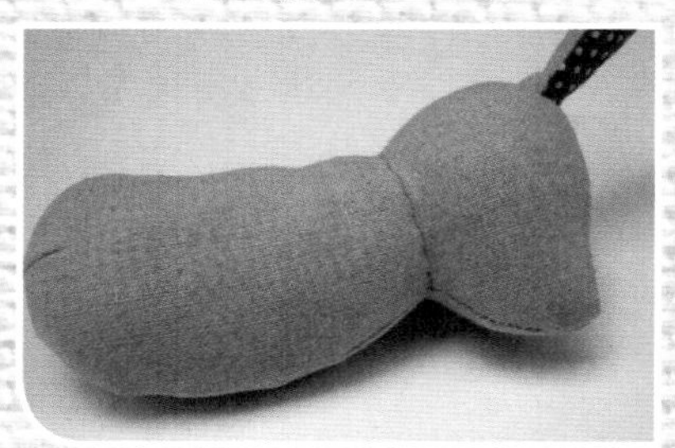

16 将头部和身体缝制在一起。

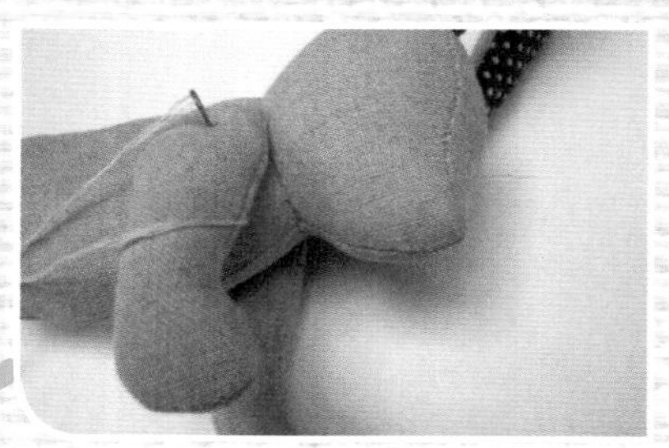

17 将两只胳膊和身体穿缝在一起。

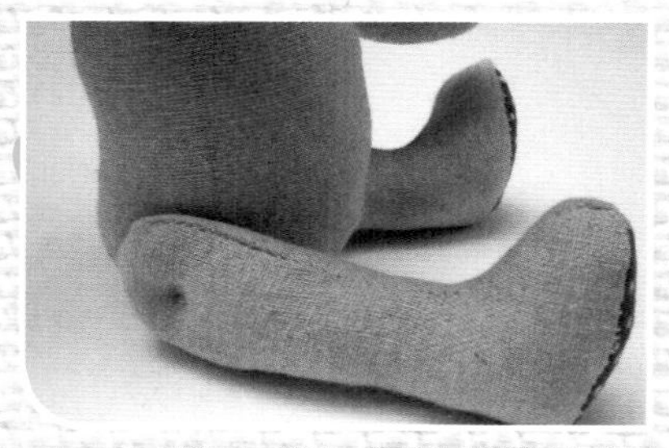

18 腿也用和胳膊同样的方法穿缝在一起，缝制后胳膊和腿都是可以自由活动的。

19 将眼睛像钉扣子一样缝制在合适的位置。

20 用红色线缝制兔兔的嘴巴。

21 选几条漂亮的丝带或者麻绳系在兔兔的脖子上。

22 可爱的乡村兔就完工喽。

大眼猴iPad包

长方形棕色短毛绒（表布）1块 20.5cm×16.5cm
长方形点点棉麻布（表布）1块 20.5cm×10cm

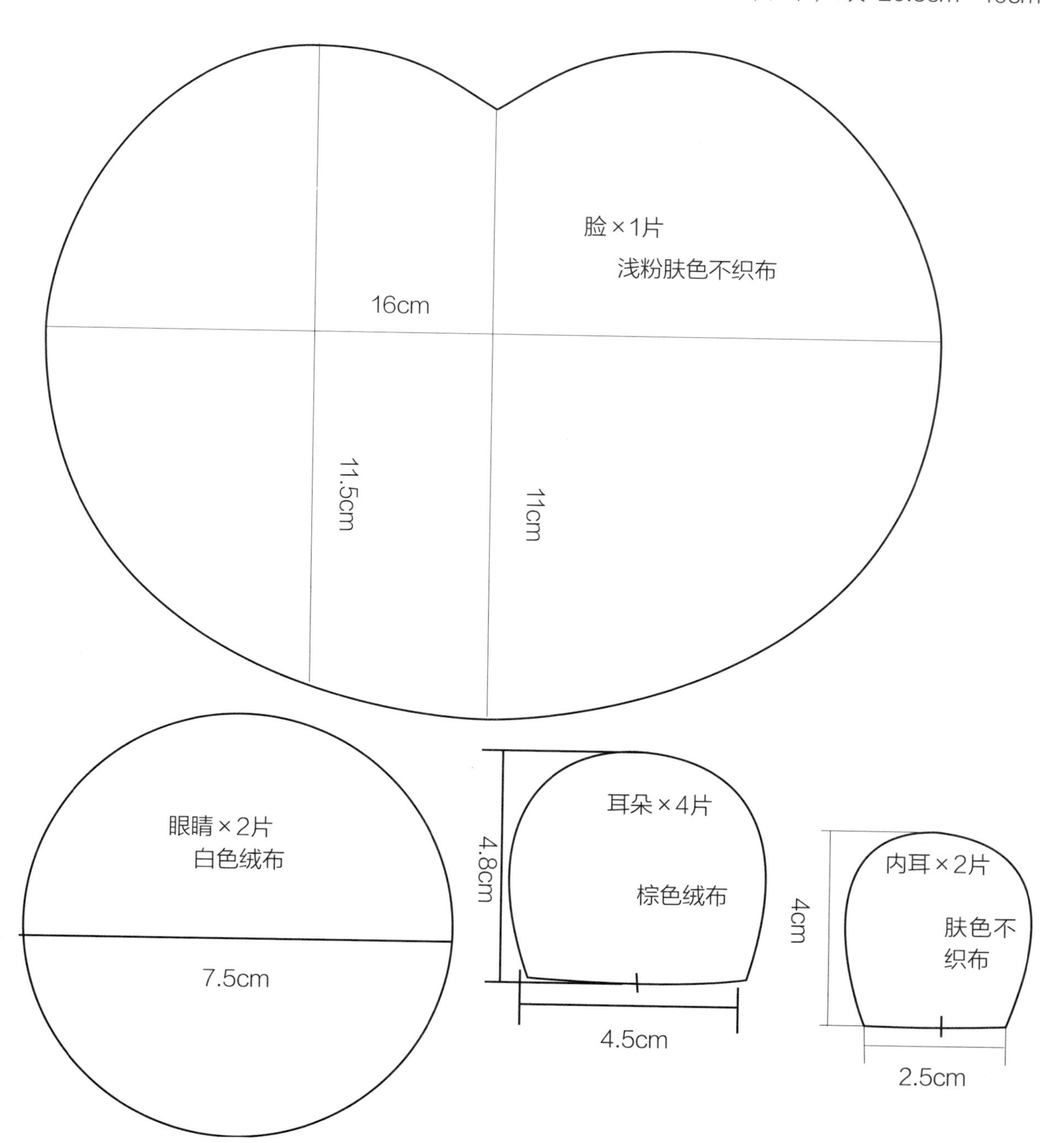

老鼠包

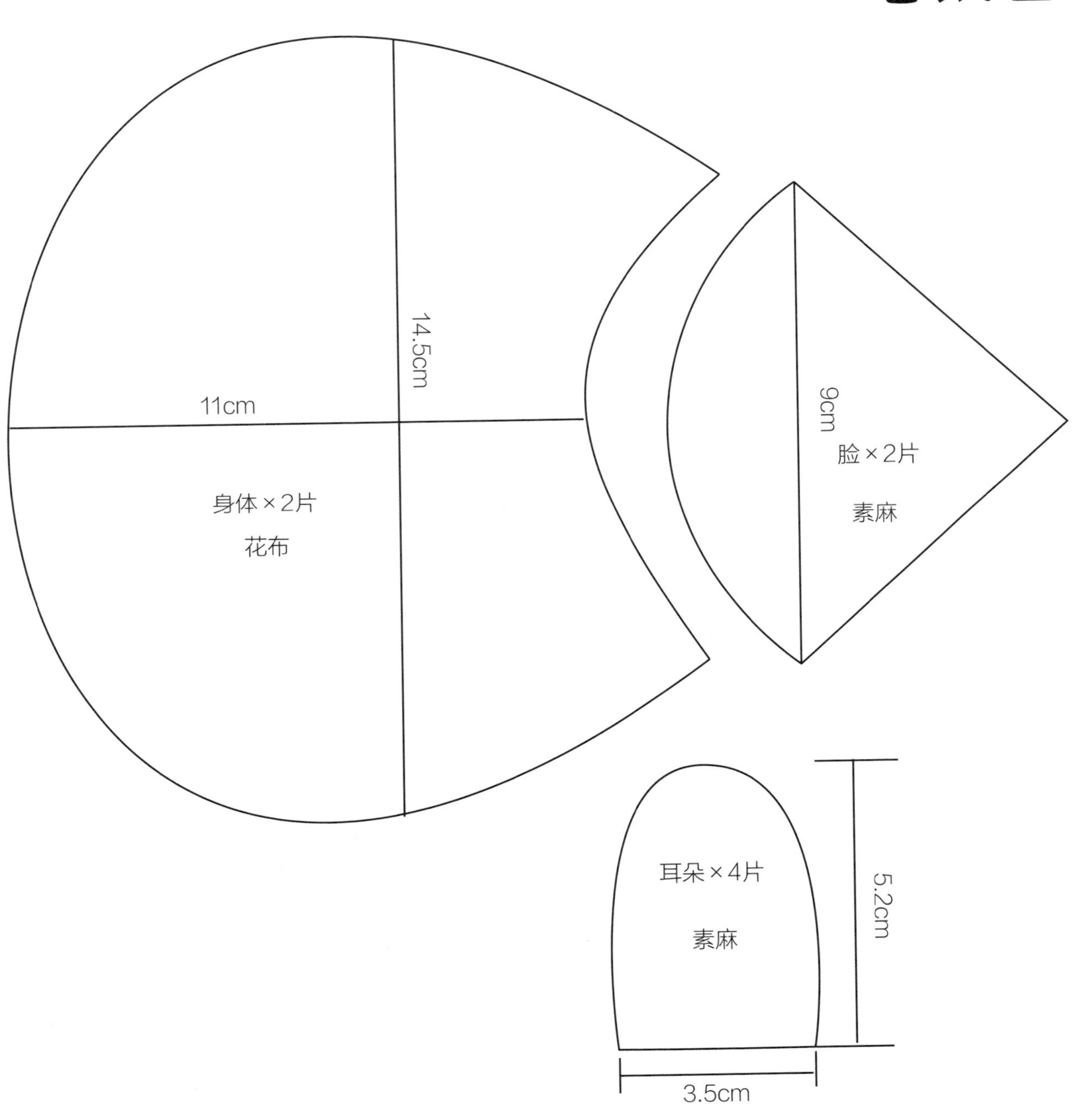

小熊手机袋

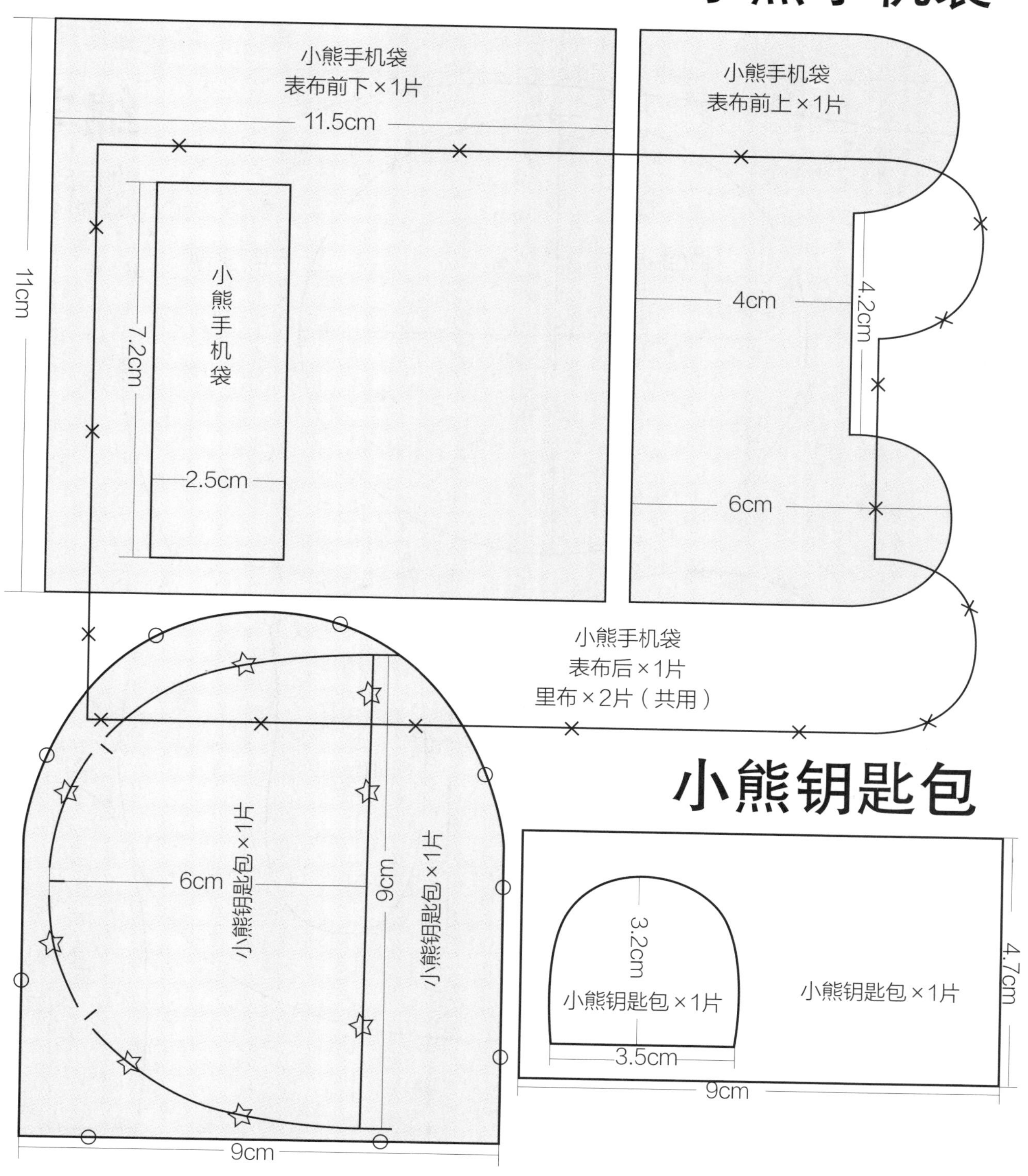

小熊手机袋
表布前下×1片
11.5cm
11cm
7.2cm
小熊手机袋
2.5cm
小熊手机袋
表布前上×1片
4cm
4.2cm
6cm
小熊手机袋
表布后×1片
里布×2片（共用）
6cm
9cm
小熊钥匙包×1片
小熊钥匙包×1片
9cm
3.2cm
小熊钥匙包×1片
3.5cm
小熊钥匙包×1片
4.7cm
9cm

小熊钥匙包

绵羊枕

实物与尺寸图纸的比例为1：1

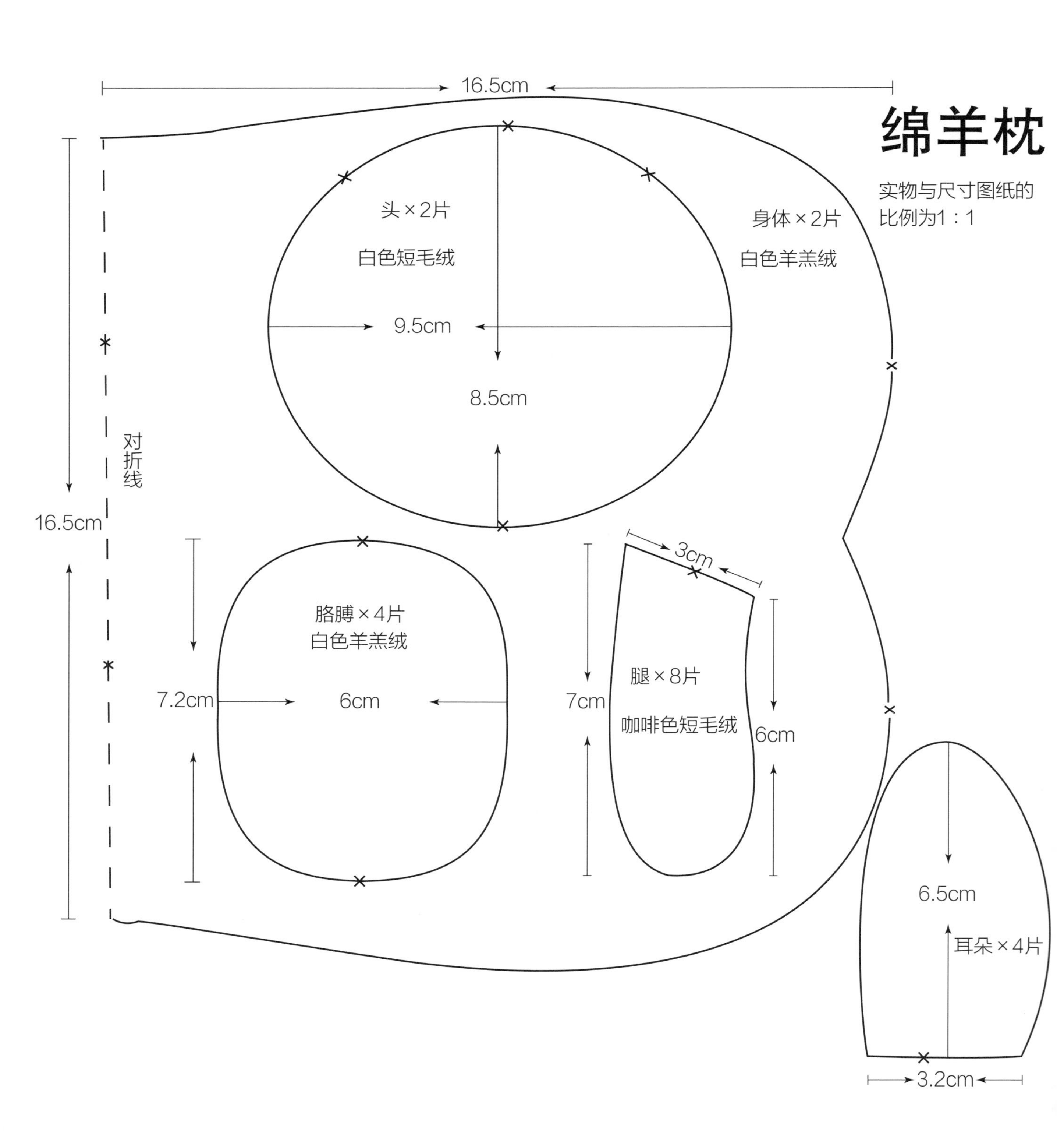

企鹅鼠标护腕

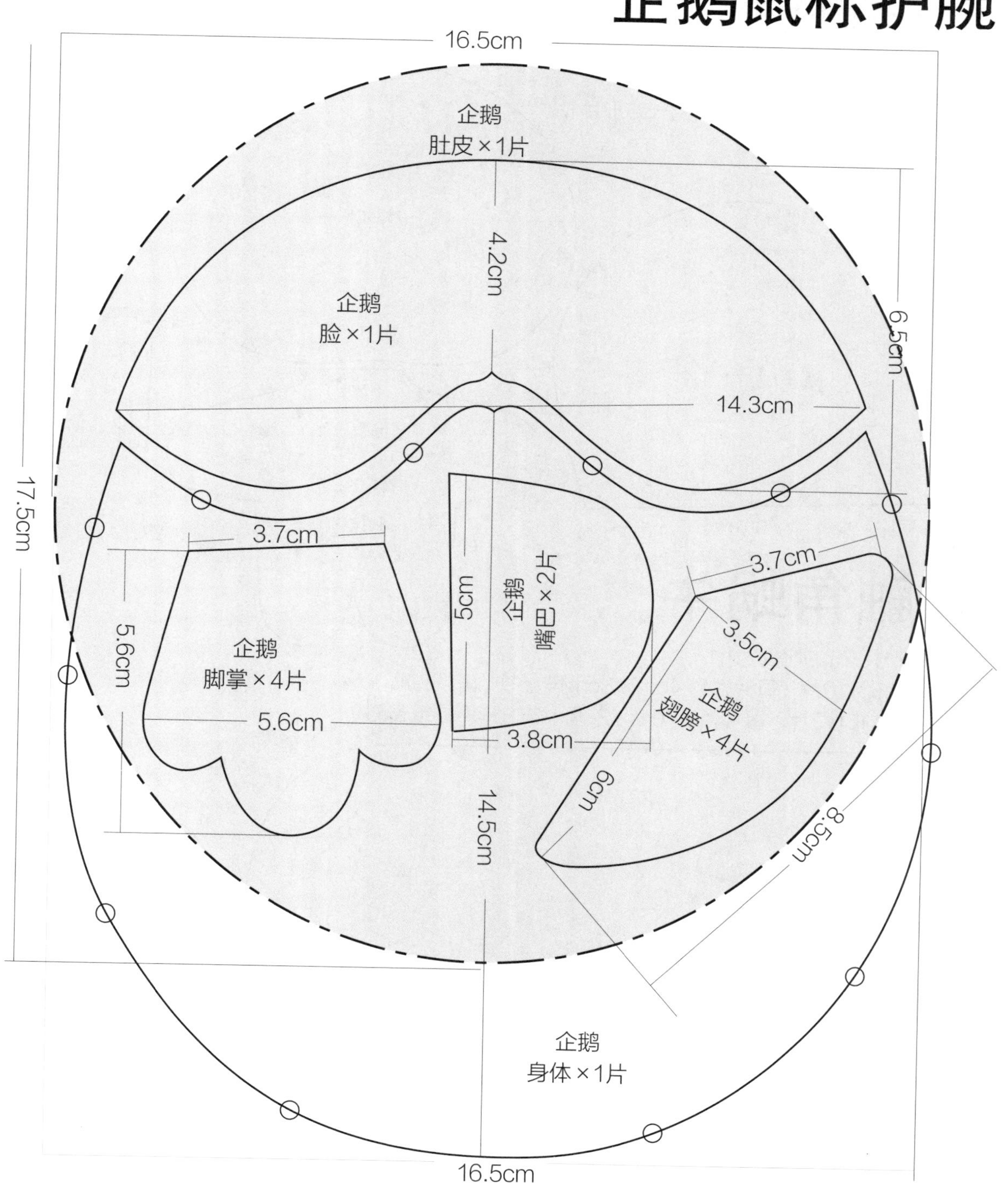

16.5cm
企鹅
肚皮×1片
4.2cm
企鹅
脸×1片
6.5cm
14.3cm
17.5cm
3.7cm
3.7cm
5cm
企鹅
嘴巴×2片
3.5cm
5.6cm
企鹅
脚掌×4片
企鹅
翅膀×4片
5.6cm
3.8cm
6cm
14.5cm
8.5cm
企鹅
身体×1片
16.5cm

兔装娃娃包挂

实物与尺寸图纸的比例为1：1

帽檐图纸省略：17.5cm×5cm的长方形片1片

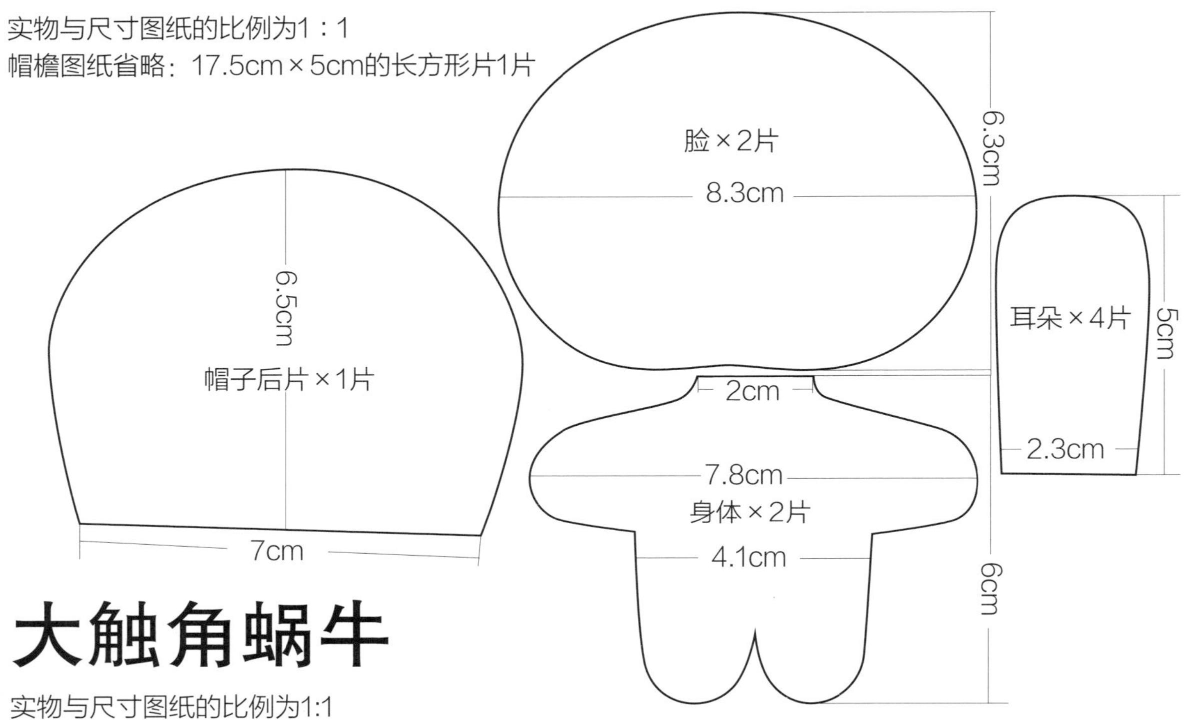

大触角蜗牛

实物与尺寸图纸的比例为1:1

蜗牛身体布片10片，每片为11.4cm×8cm长方形（图纸省略）

蜗牛触角柱布片2片，每片为9.7cm×2.7cm长方形（图纸省略）

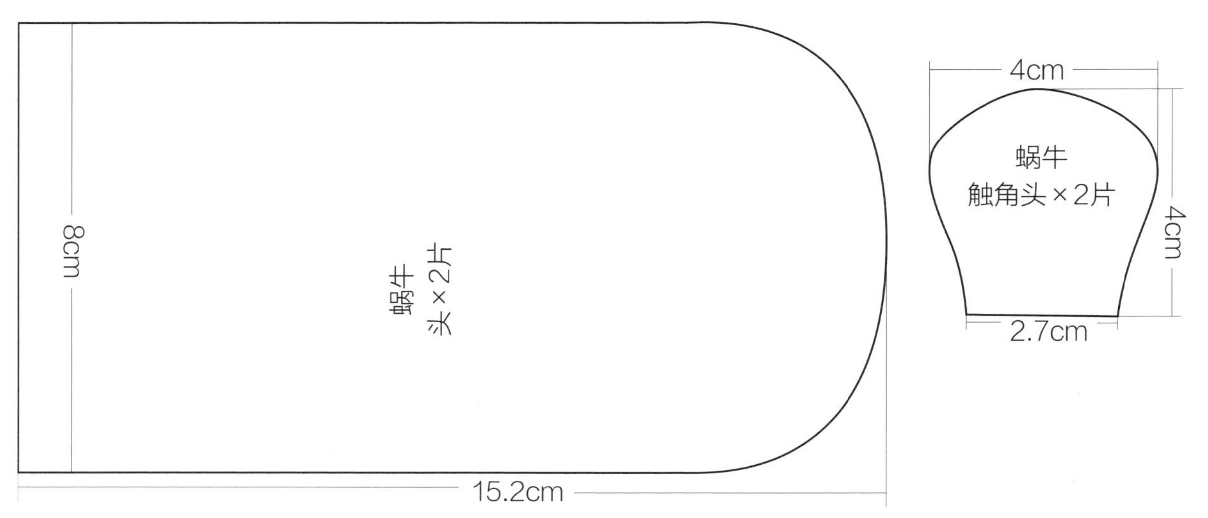

小鸡宝宝定型枕

实物与尺寸图纸的比例为1：0.85
请等比例放大使用

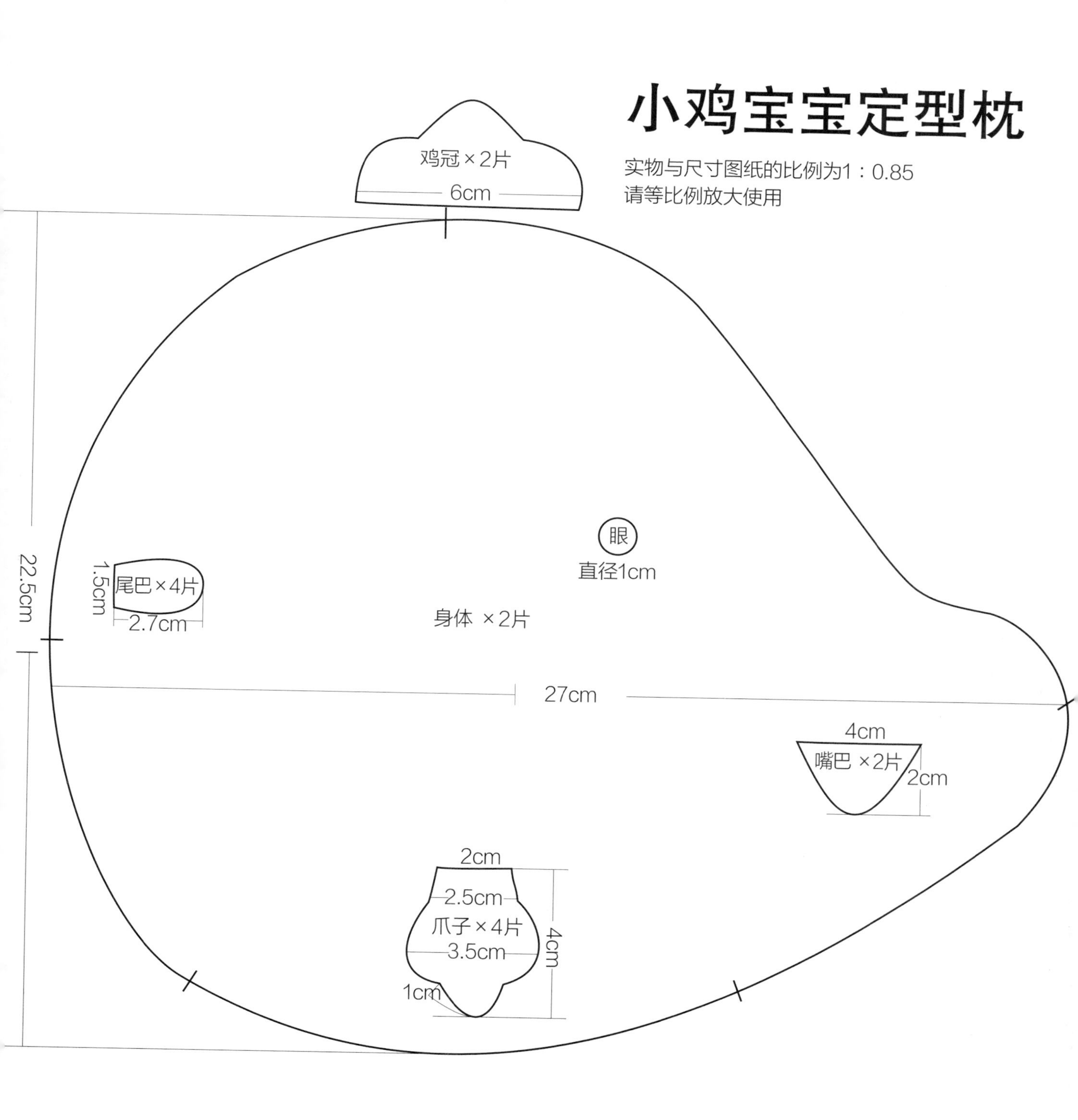

宝宝围兜

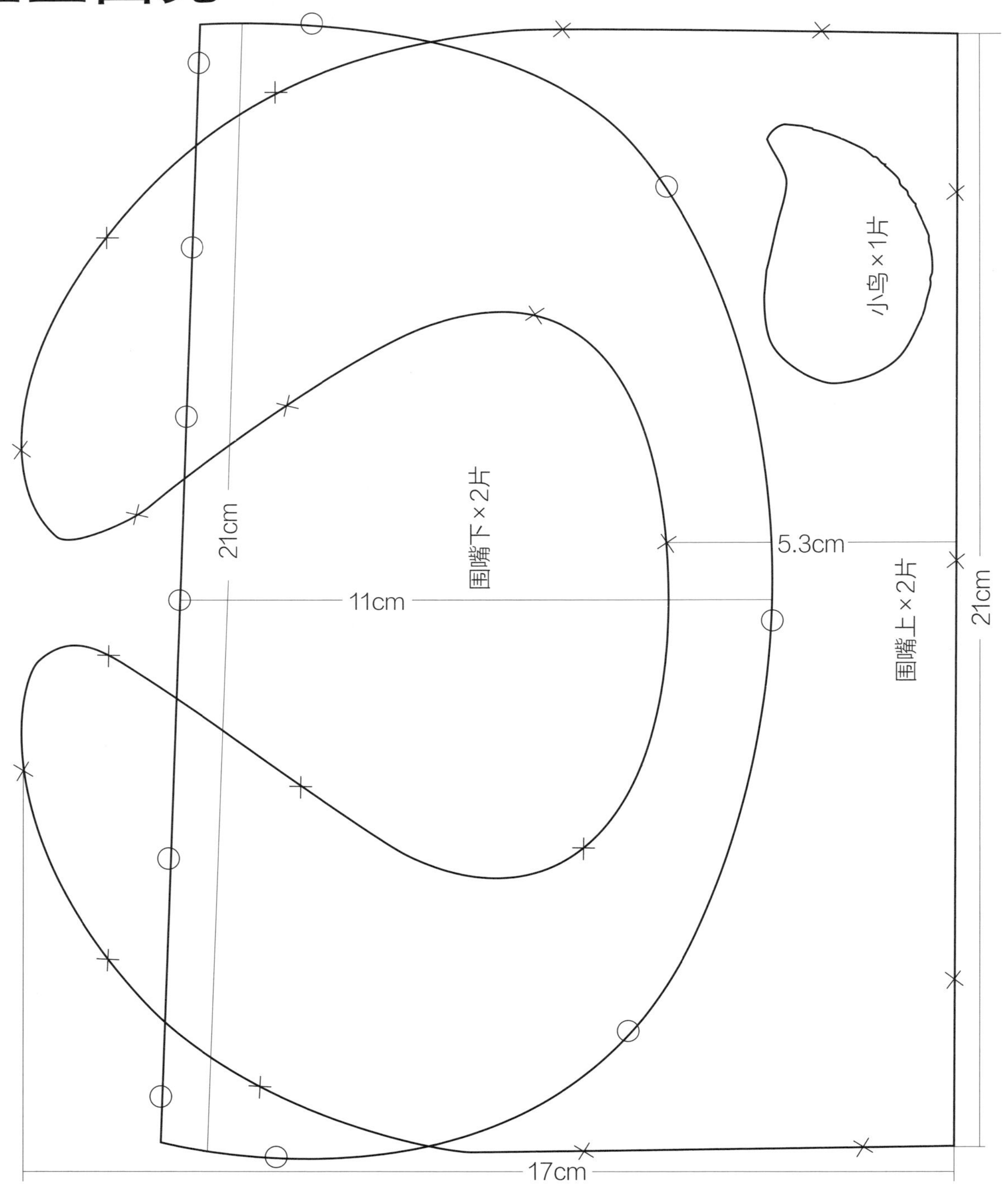

小鸡钥匙包

实物与尺寸图纸的比例为1：1

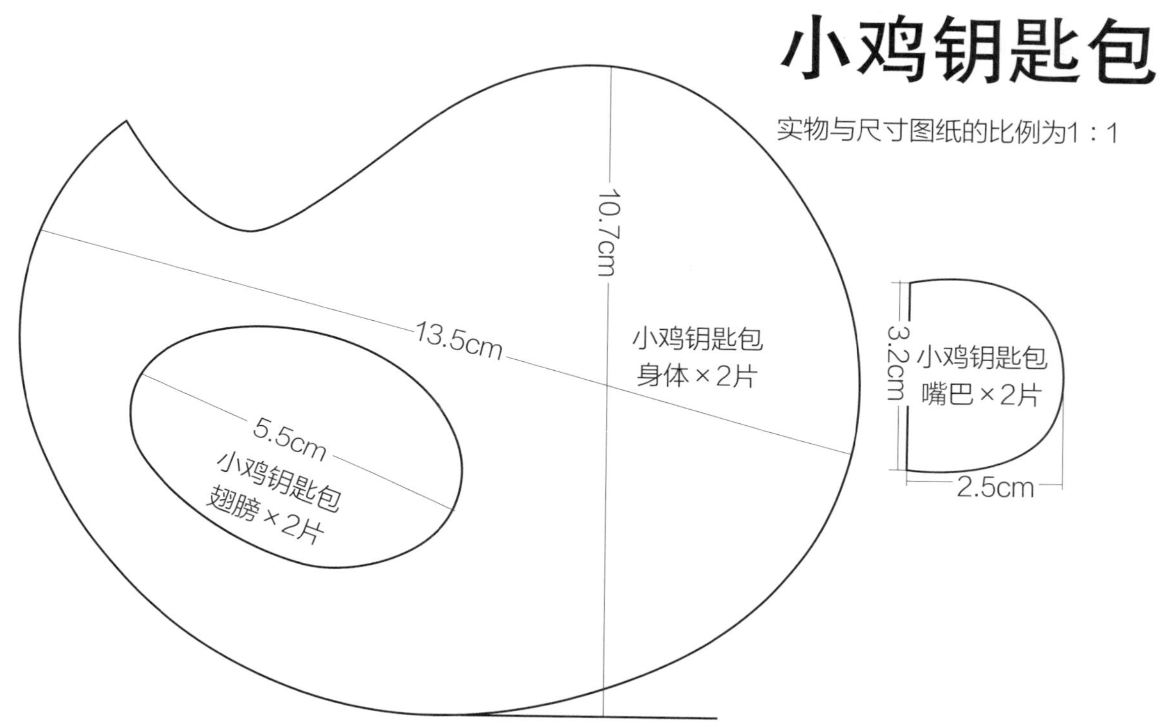

小白熊日记本套

实物与尺寸图纸的比例为1：1

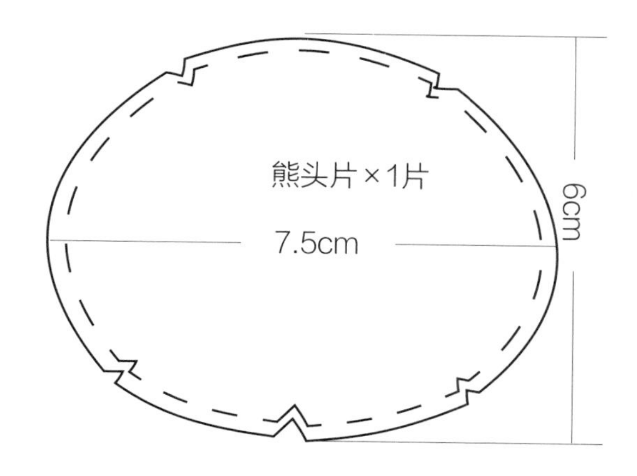

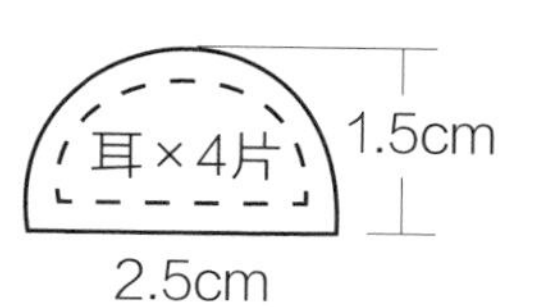

小鸡宝宝围嘴

实物与尺寸图纸的比例为1：0.85
请等比例放大使用

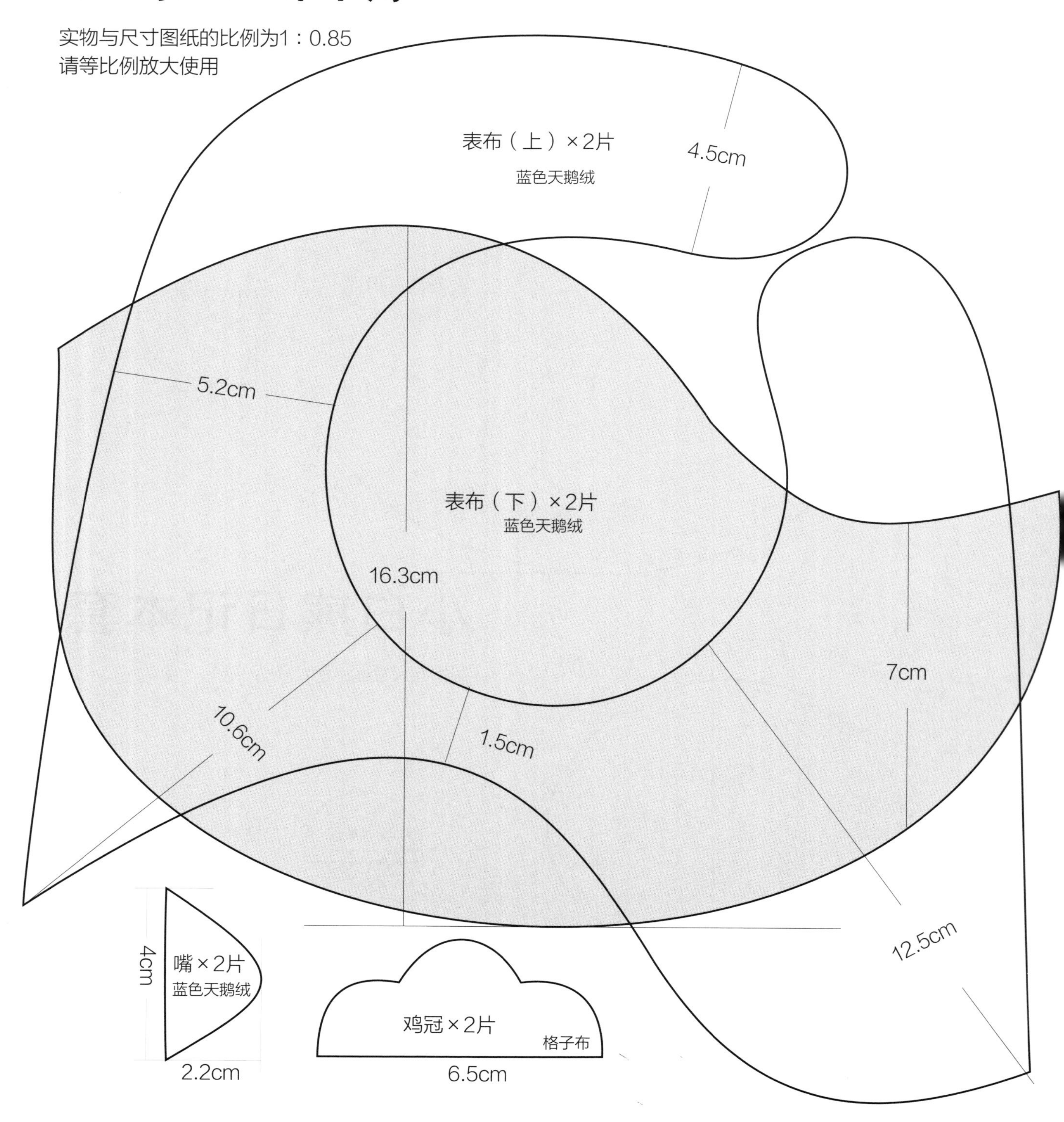

小熊宝宝鞋

实物与尺寸图纸的比例为1：1

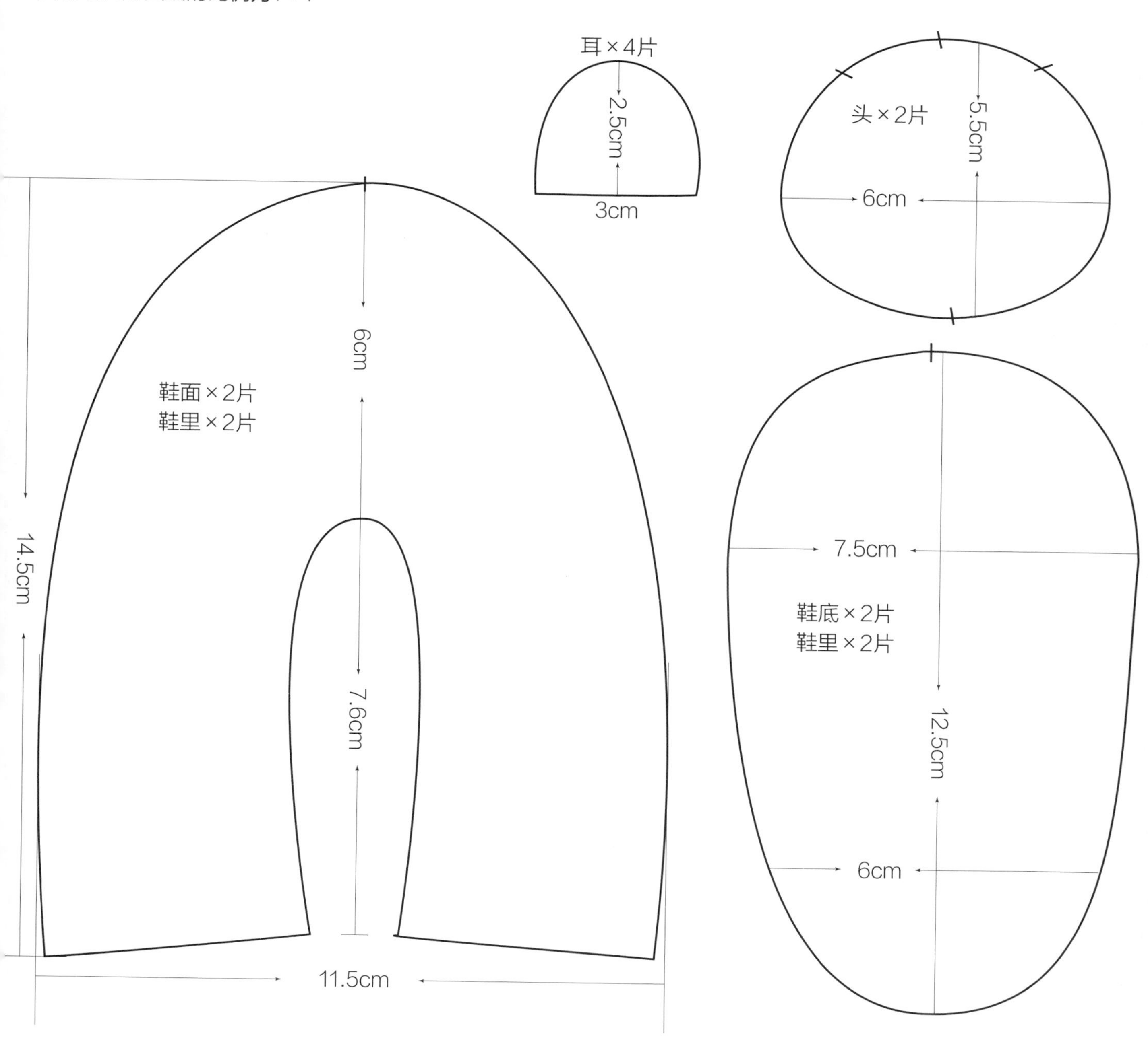

小熊U形颈枕

实物与尺寸图纸的比例为1：0.8
请等比例放大使用

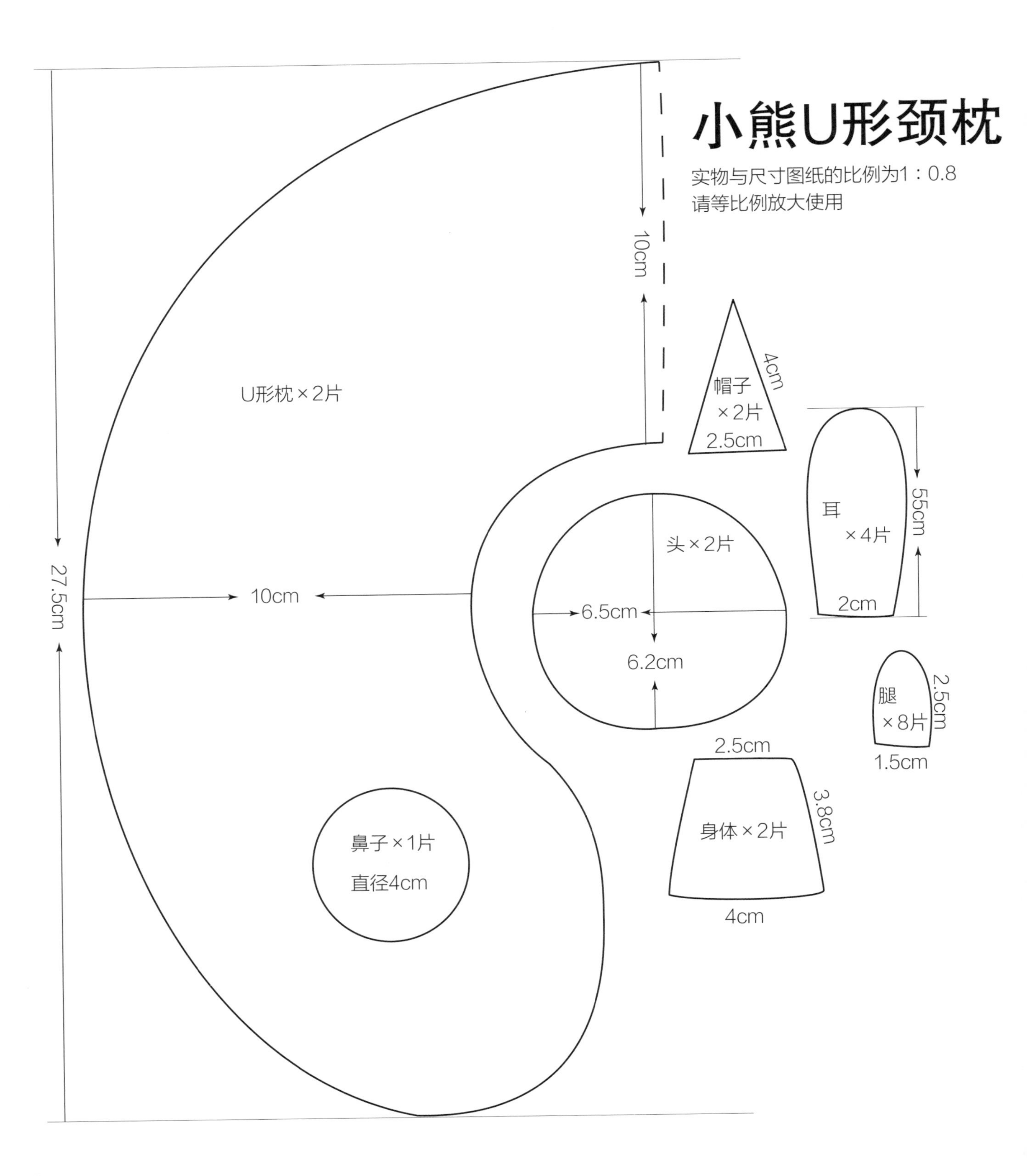

天使熊小方巾

实物与尺寸图纸的比例为1：1

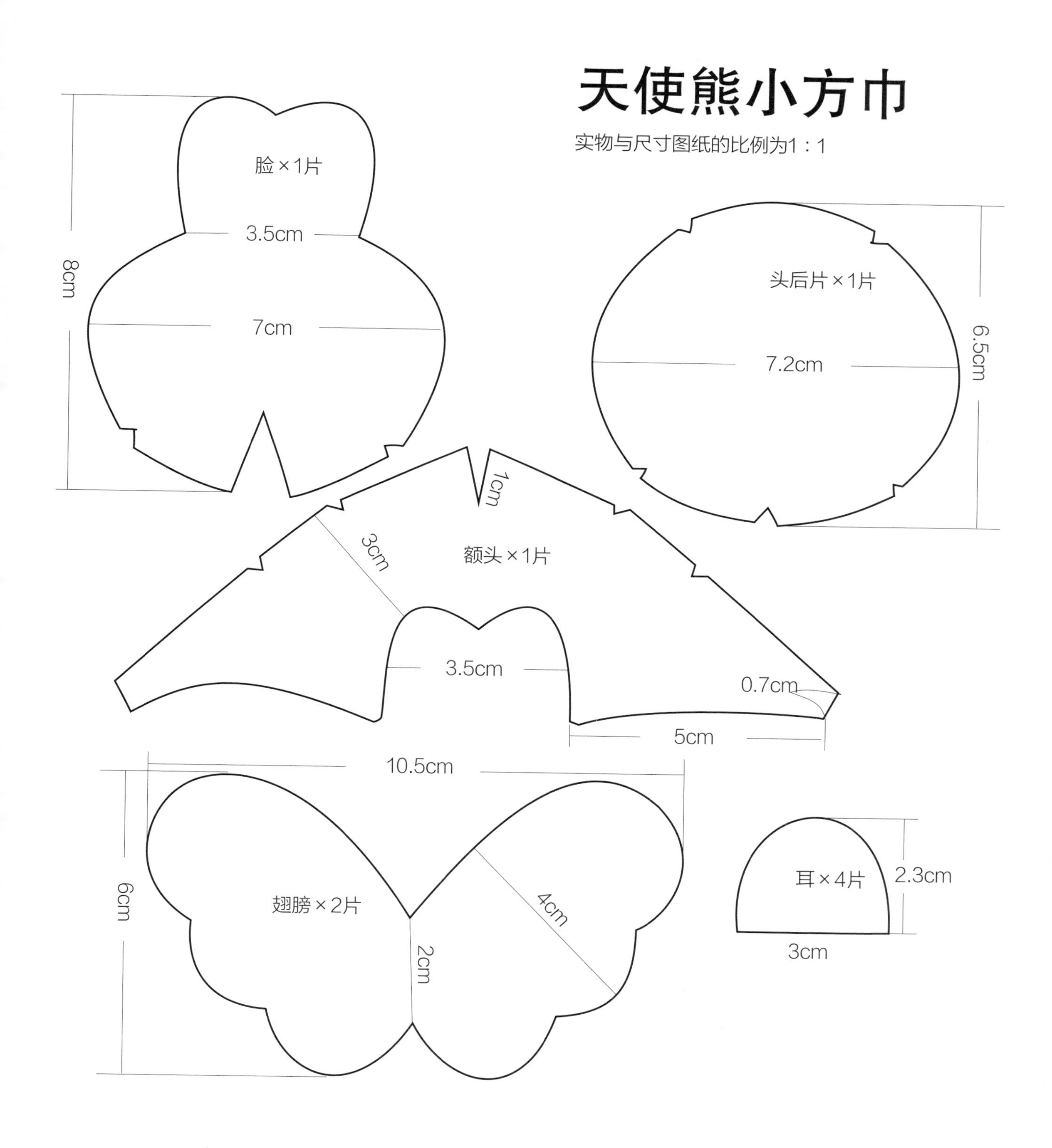

小兔子手机挂件

小熊萌萌

8.8cm
6.7cm
小兔子
身体×2片

小熊萌萌
头×2片
7cm
8.5cm

小兔子
耳朵×4片
6.7cm

熊猫
身体×2片

熊猫
眼睛×2片
3.7cm

16.5cm

小熊萌萌
身体×2片
4.3cm
4.8cm

熊猫
腿×4片
6cm

3.3cm
熊猫
耳朵×4片
4cm

小熊萌萌
鼻子×1片
4.3cm

熊猫
胳膊×4片
2.7cm
4.5cm

小熊萌萌
胳膊×4片
腿×4片
4cm

13cm

熊猫腕枕

棕熊先生腕垫

实物与尺寸图纸的比例为1：1

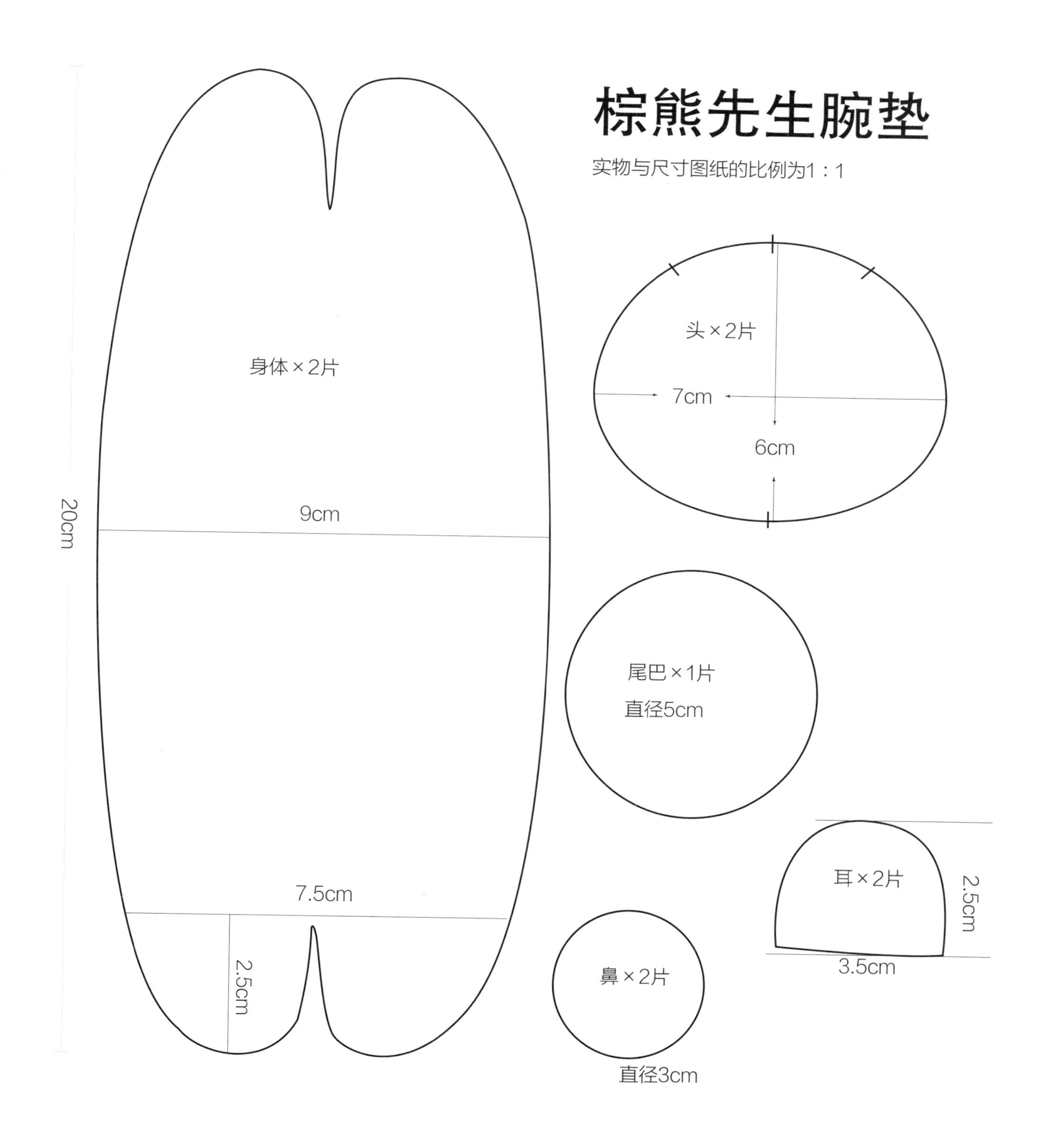

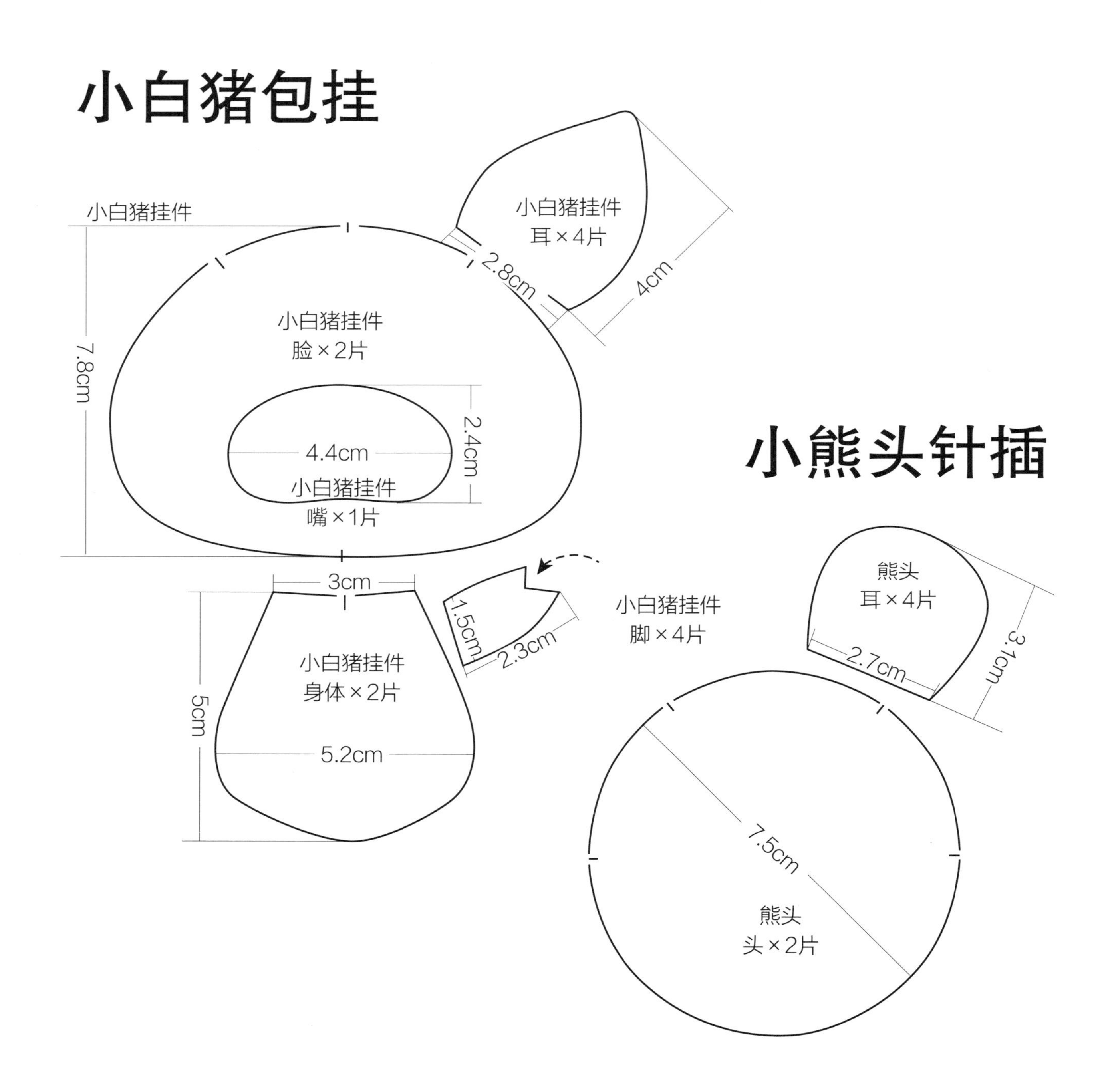
小白猪包挂
小白猪挂件
小白猪挂件
耳×4片
2.8cm
4cm
7.8cm
小白猪挂件
脸×2片
2.4cm
4.4cm
小白猪挂件
嘴×1片
小熊头针插
3cm
1.5cm
2.3cm
小白猪挂件
脚×4片
熊头
耳×4片
3.1cm
2.7cm
小白猪挂件
身体×2片
5cm
5.2cm
7.5cm
熊头
头×2片

招财猫

实物与尺寸图纸的比例为1：1

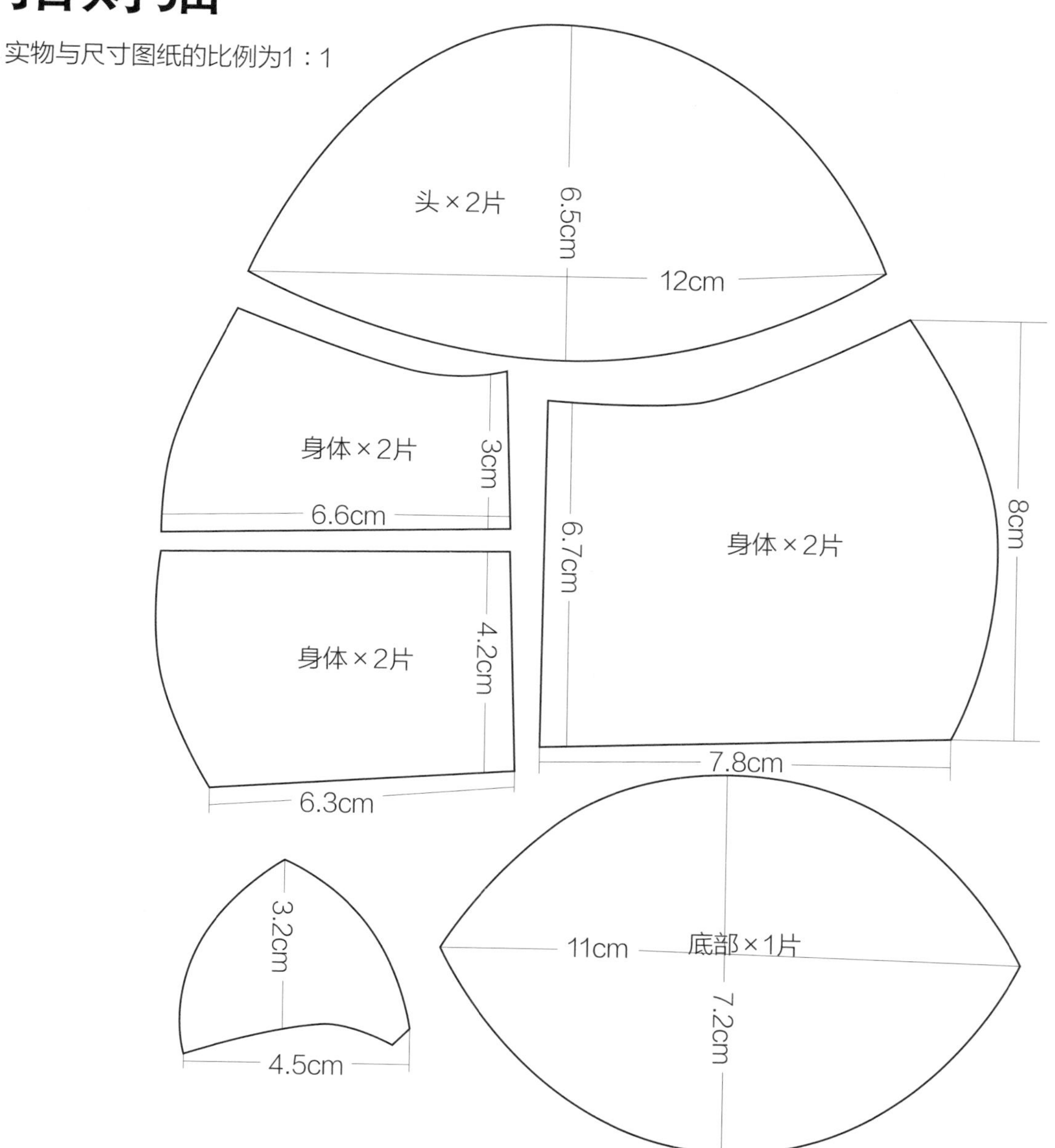

小兔子

实物与尺寸图纸的比例为1：1

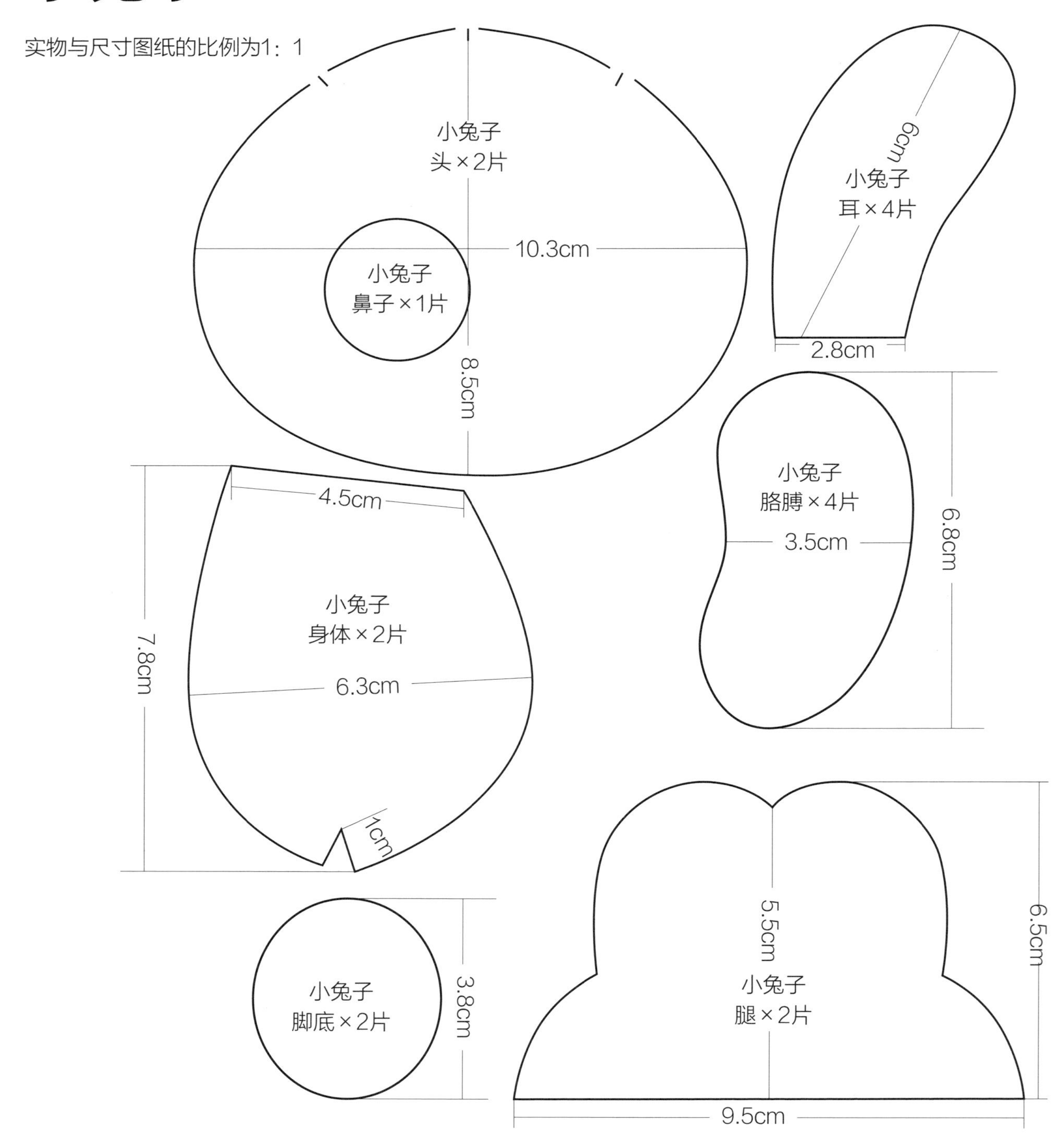

毛毛虫

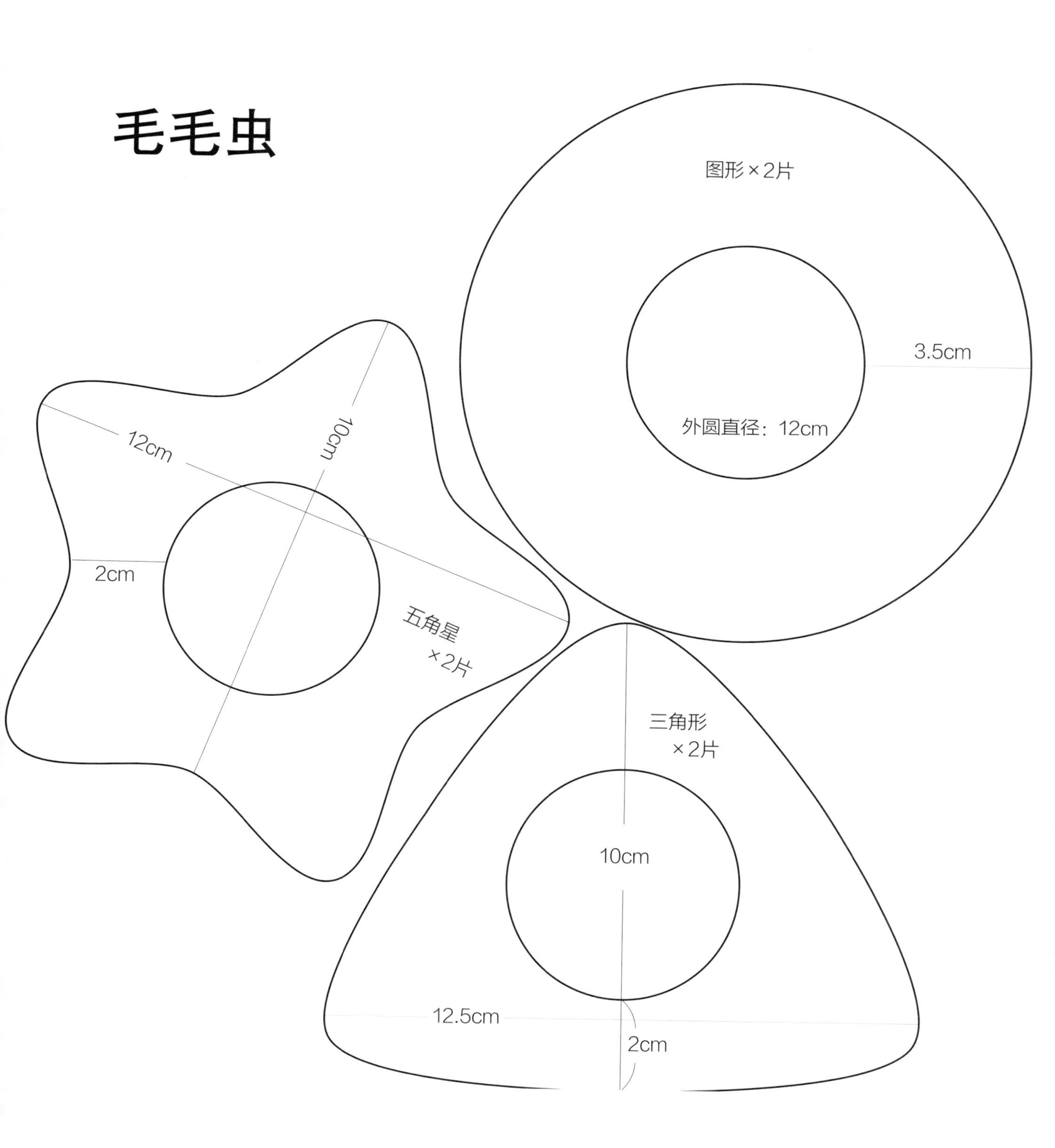

草莓娃娃

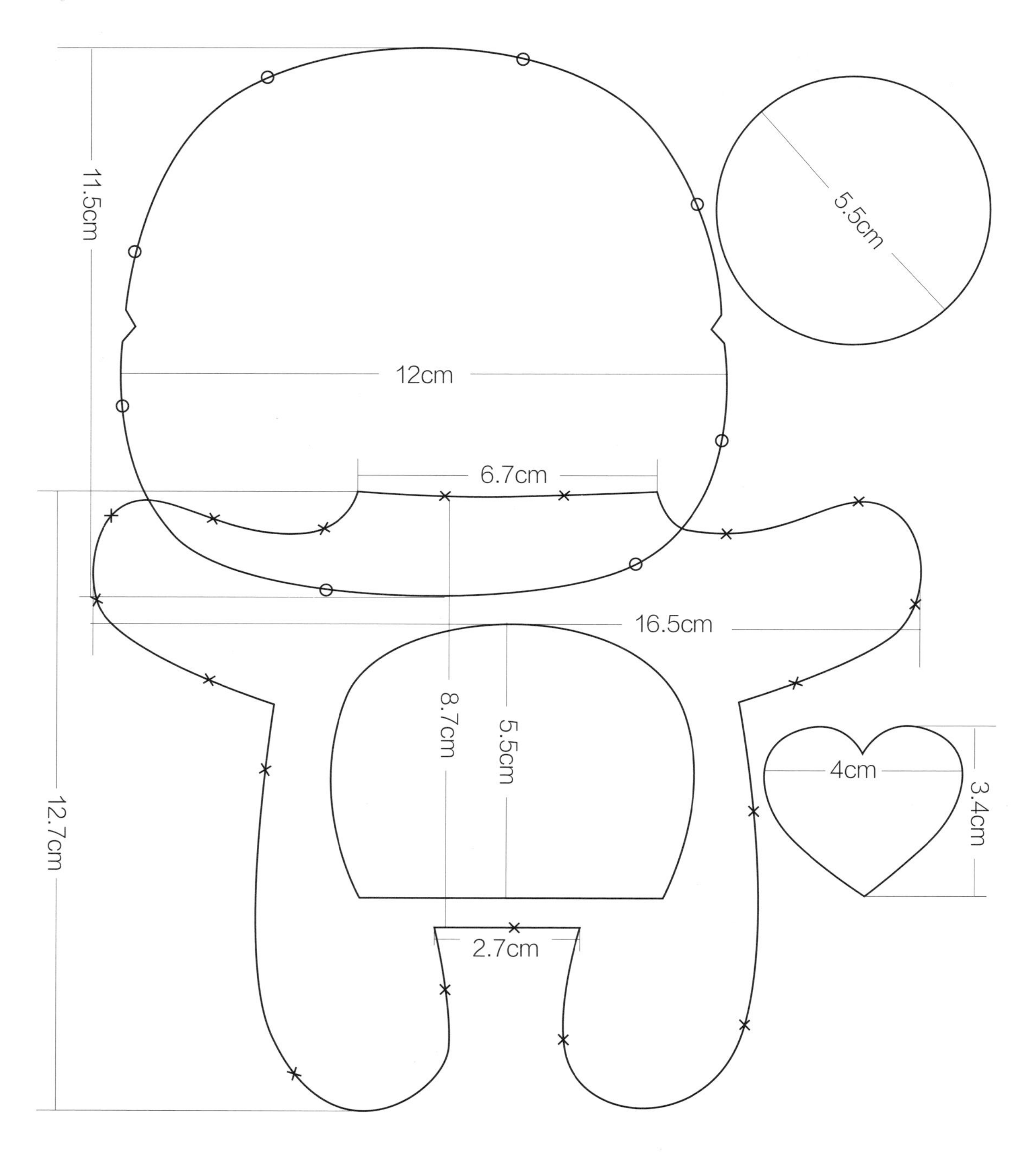

黄小鸭

实物与尺寸图纸的比例为1：1

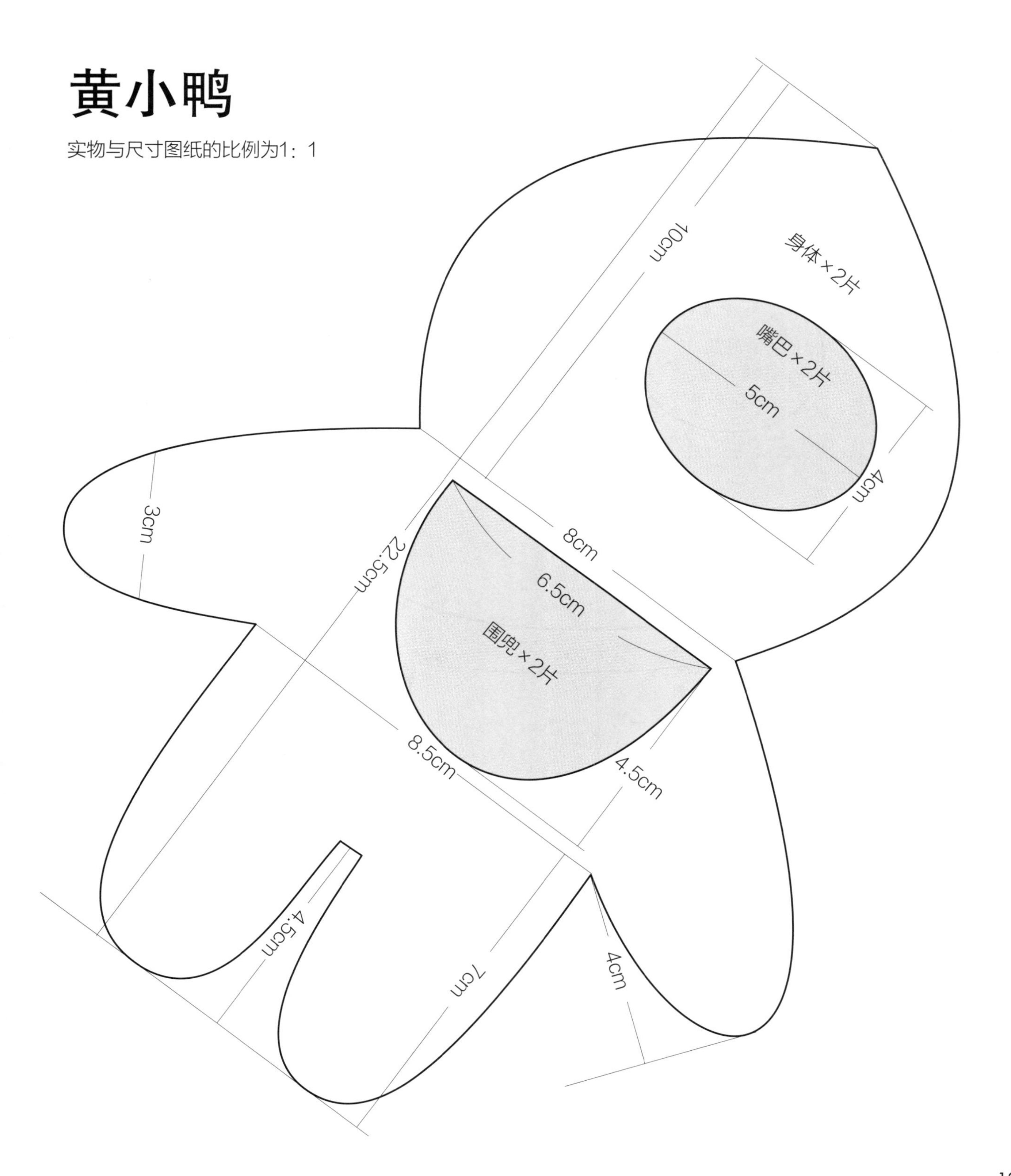

卖萌熊

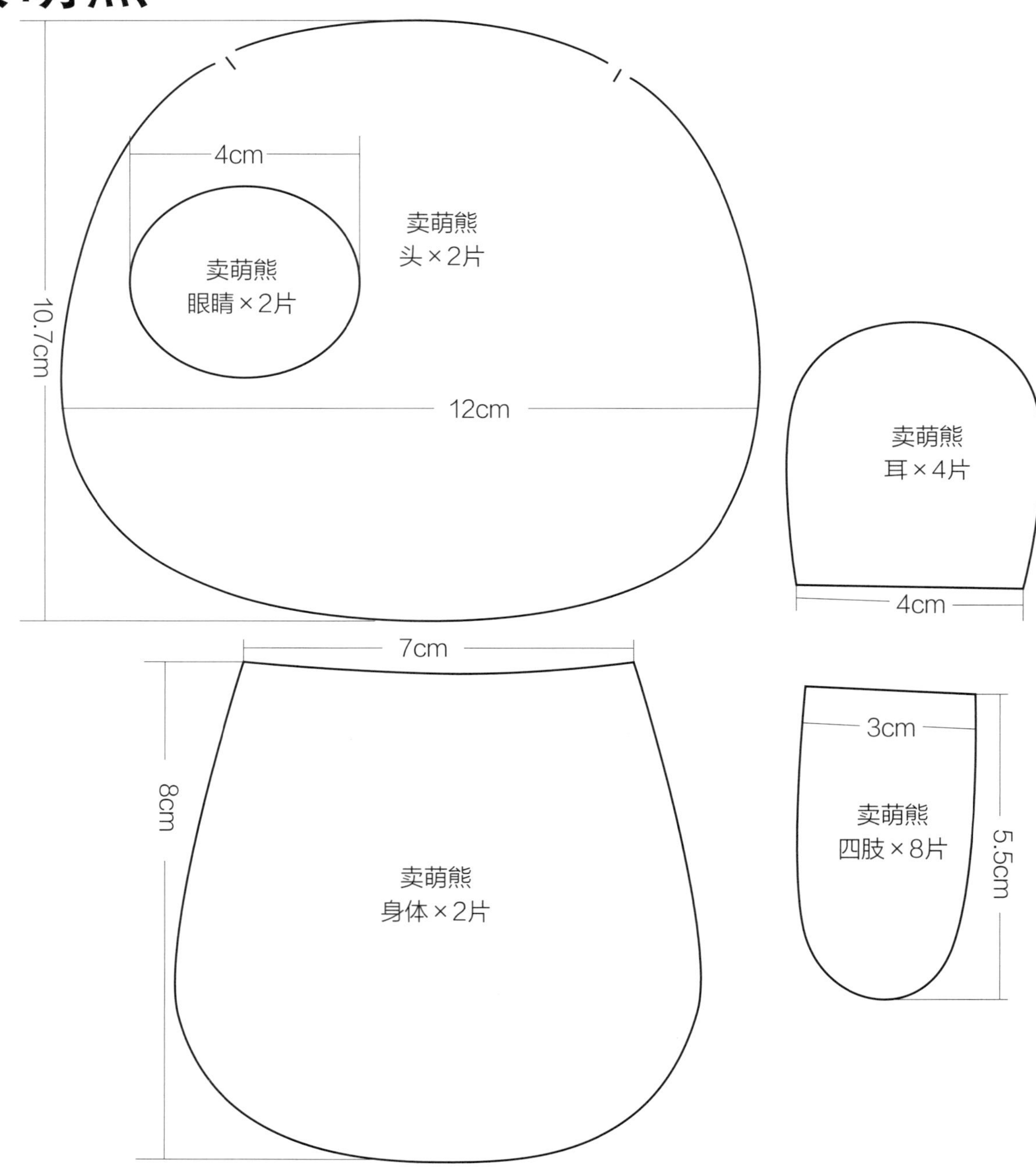

4cm
卖萌熊
头×2片
卖萌熊
眼睛×2片
10.7cm
12cm
卖萌熊
耳×4片
4cm
7cm
8cm
卖萌熊
身体×2片
3cm
卖萌熊
四肢×8片
5.5cm

拼布小熊

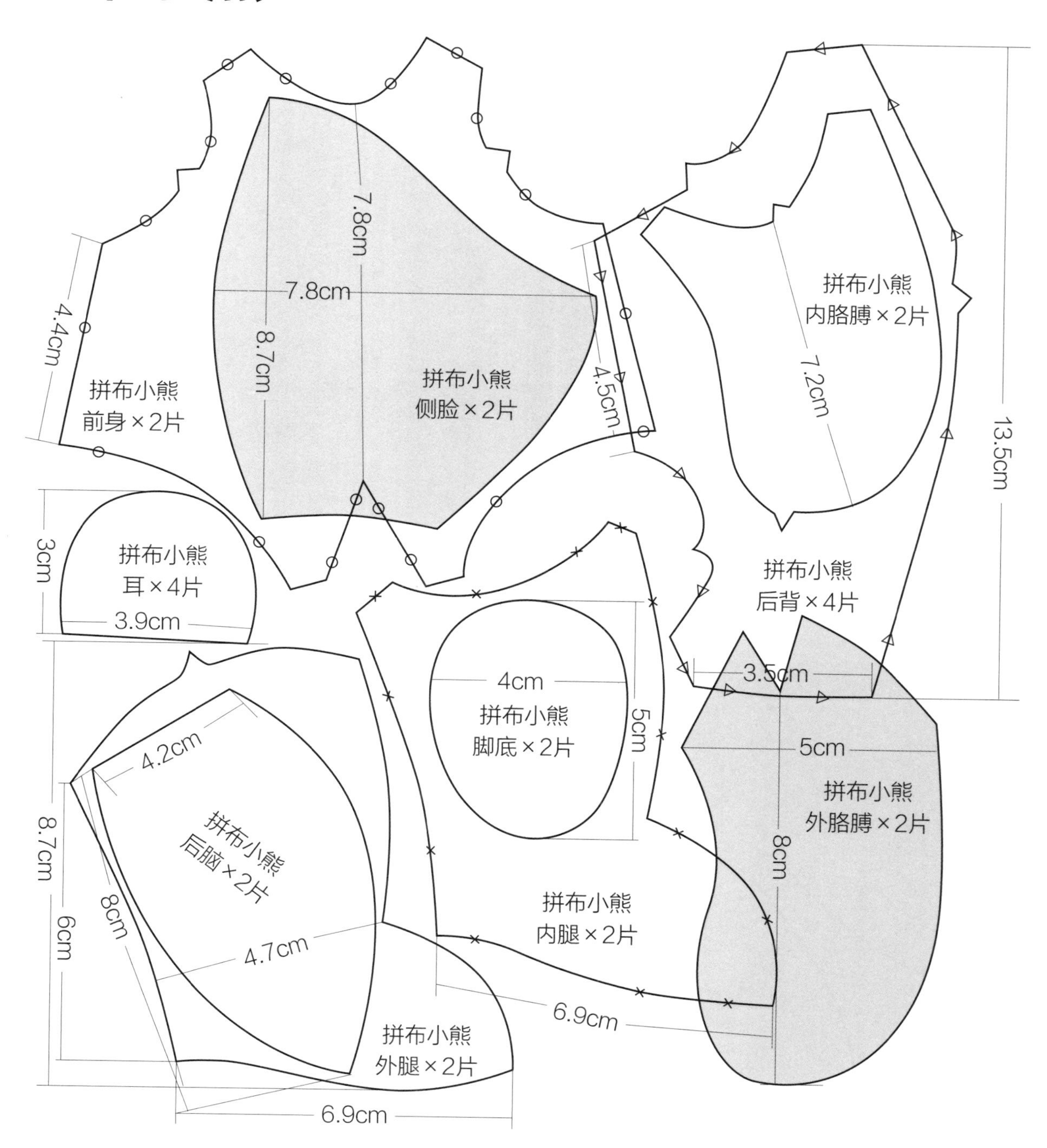
7.8cm
7.8cm
8.7cm
4.4cm
拼布小熊
前身×2片
拼布小熊
侧脸×2片
4.5cm
拼布小熊
内胳膊×2片
7.2cm
13.5cm
3cm
拼布小熊
耳×4片
3.9cm
拼布小熊
后背×4片
3.5cm
4cm
拼布小熊
脚底×2片
5cm
5cm
拼布小熊
外胳膊×2片
8cm
4.2cm
拼布小熊
后脑×2片
8.7cm
8cm
6cm
4.7cm
拼布小熊
内腿×2片
6.9cm
拼布小熊
外腿×2片
6.9cm

青蛙王子

实物与尺寸图纸的比例为1：1

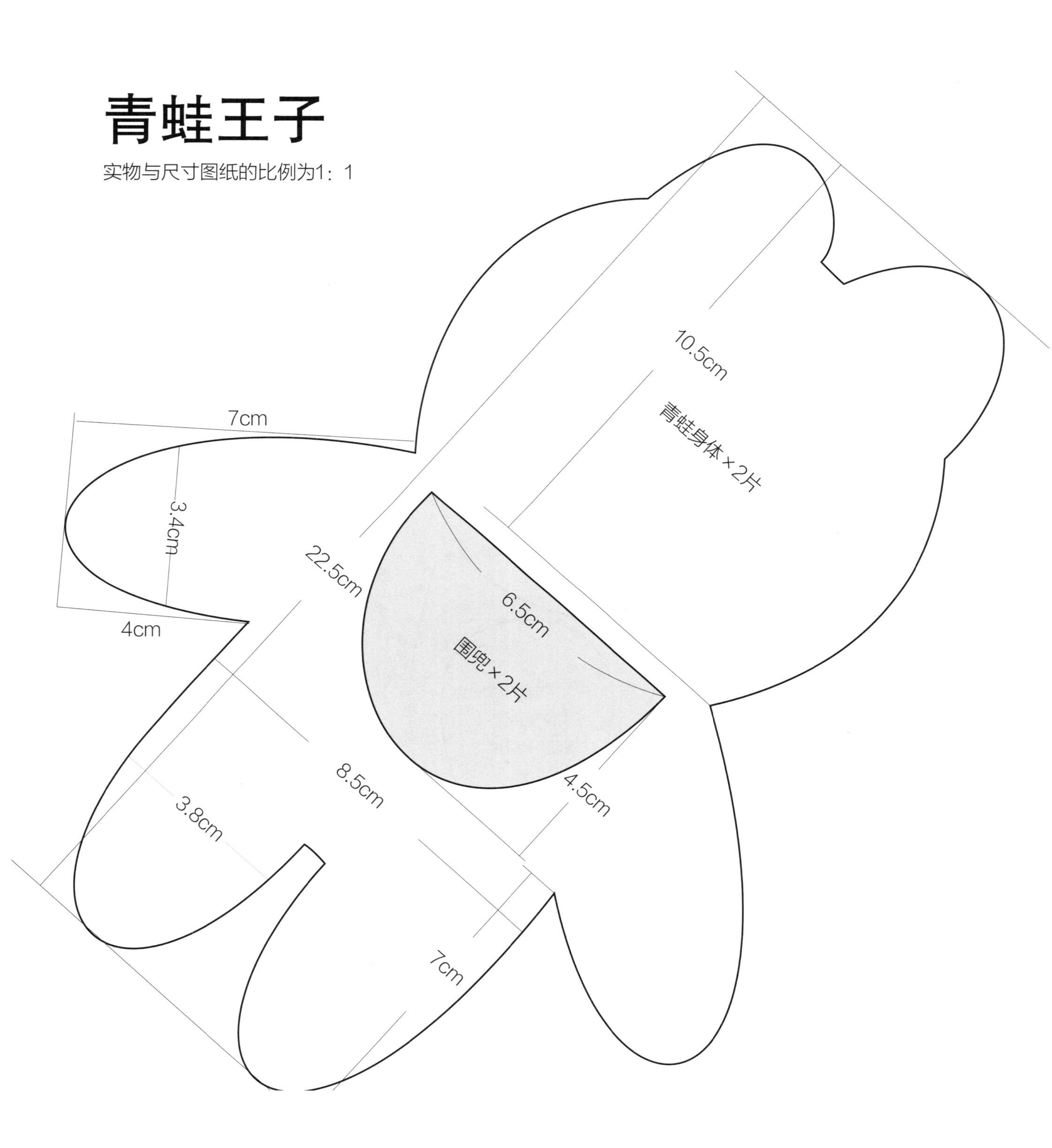

蛇宝宝

实物与尺寸图纸的比例为1：1

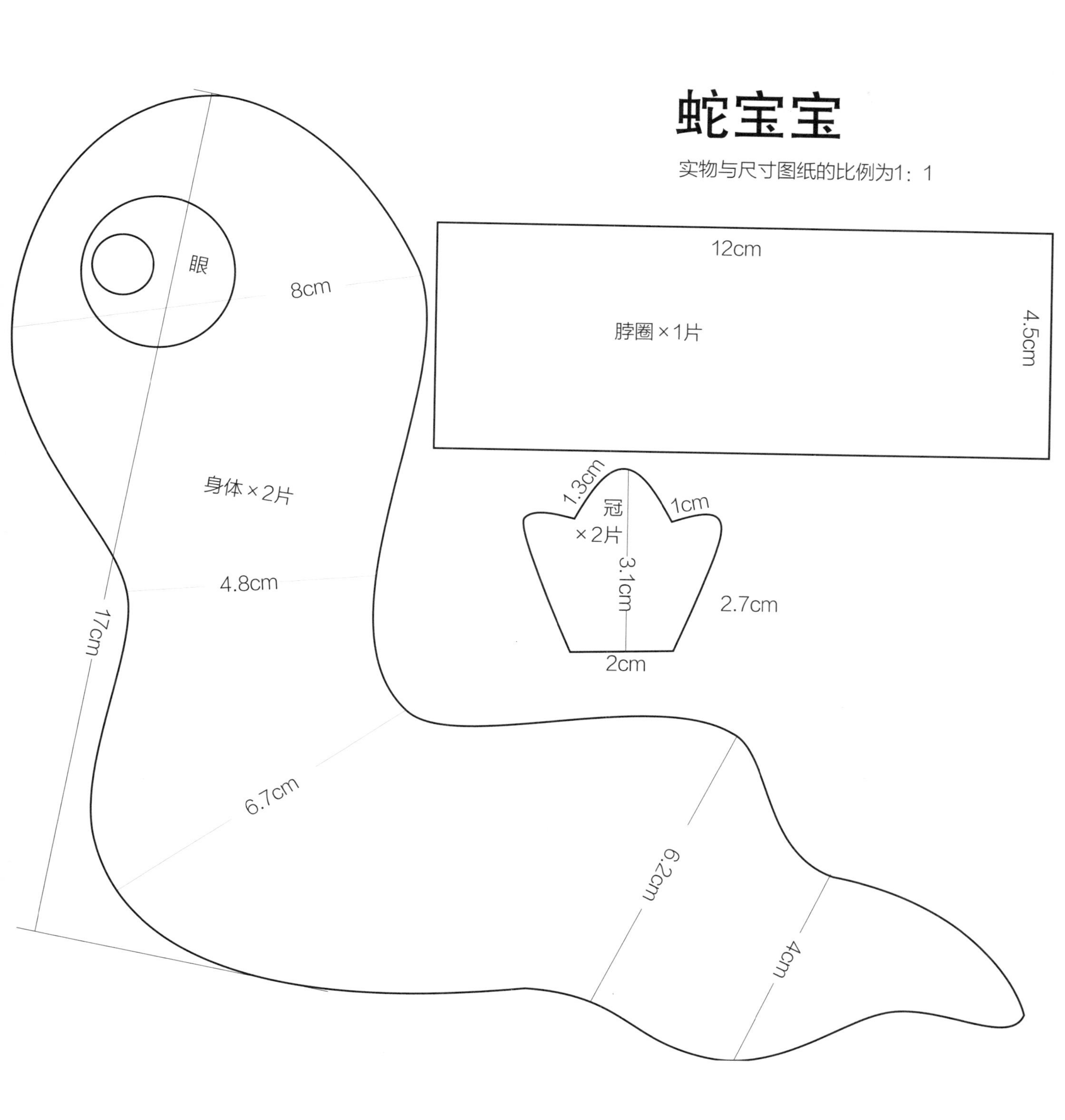

圣诞小熊

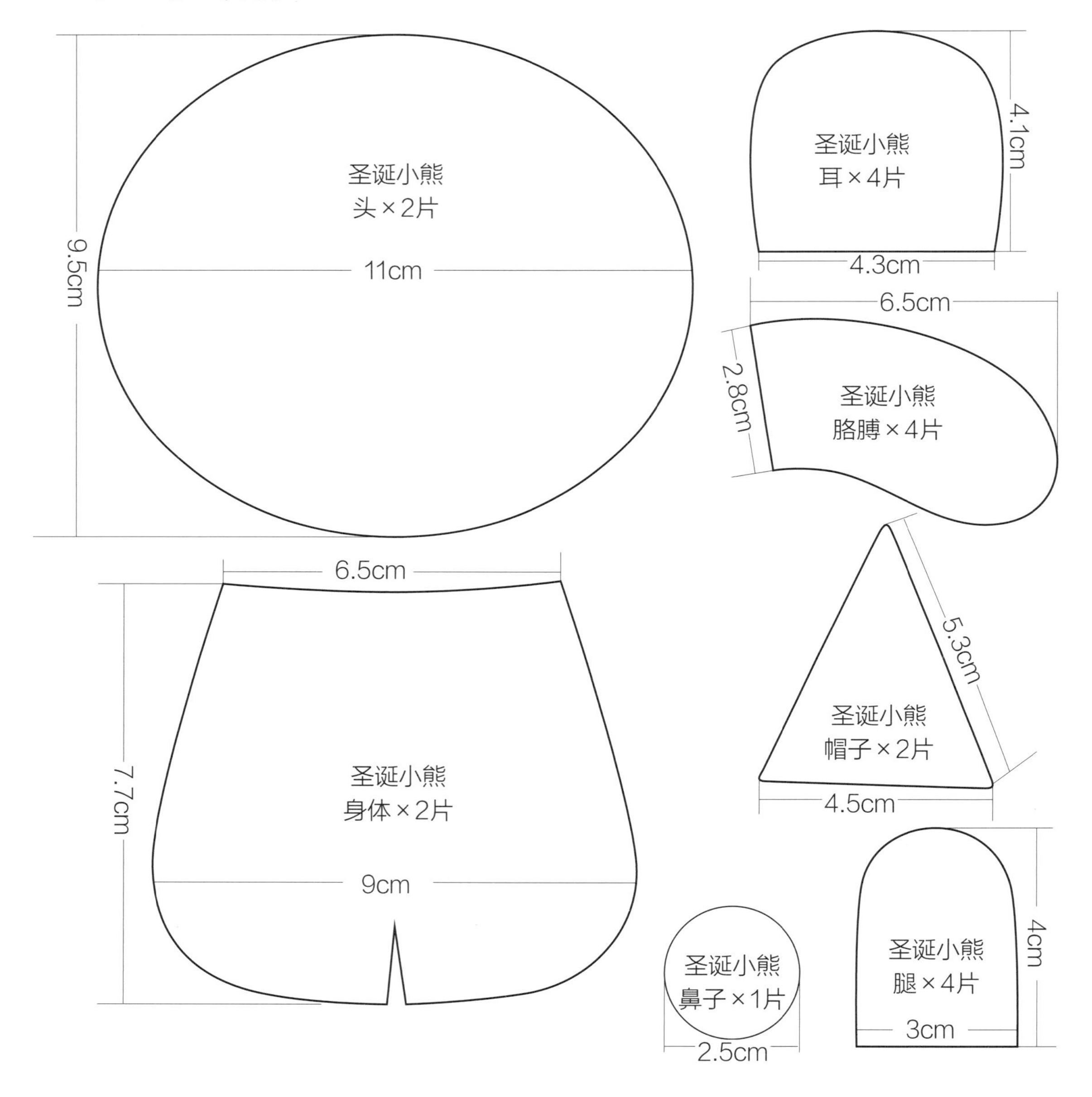

圣诞小熊
头×2片
11cm
9.5cm
圣诞小熊
耳×4片
4.1cm
4.3cm
6.5cm
2.8cm
圣诞小熊
胳膊×4片
6.5cm
7.7cm
圣诞小熊
身体×2片
9cm
5.3cm
圣诞小熊
帽子×2片
4.5cm
圣诞小熊
鼻子×1片
2.5cm
圣诞小熊
腿×4片
4cm
3cm

糖果熊

糖果熊
头×2片

糖果熊
腮红×2片

13cm

11.5cm

3.5cm

7cm

5.5cm

糖果熊
耳朵×4片

5.2cm

糖果熊
身体×2片

10.7cm

3cm

糖果熊
四肢×2片

7.3cm

羞羞兔

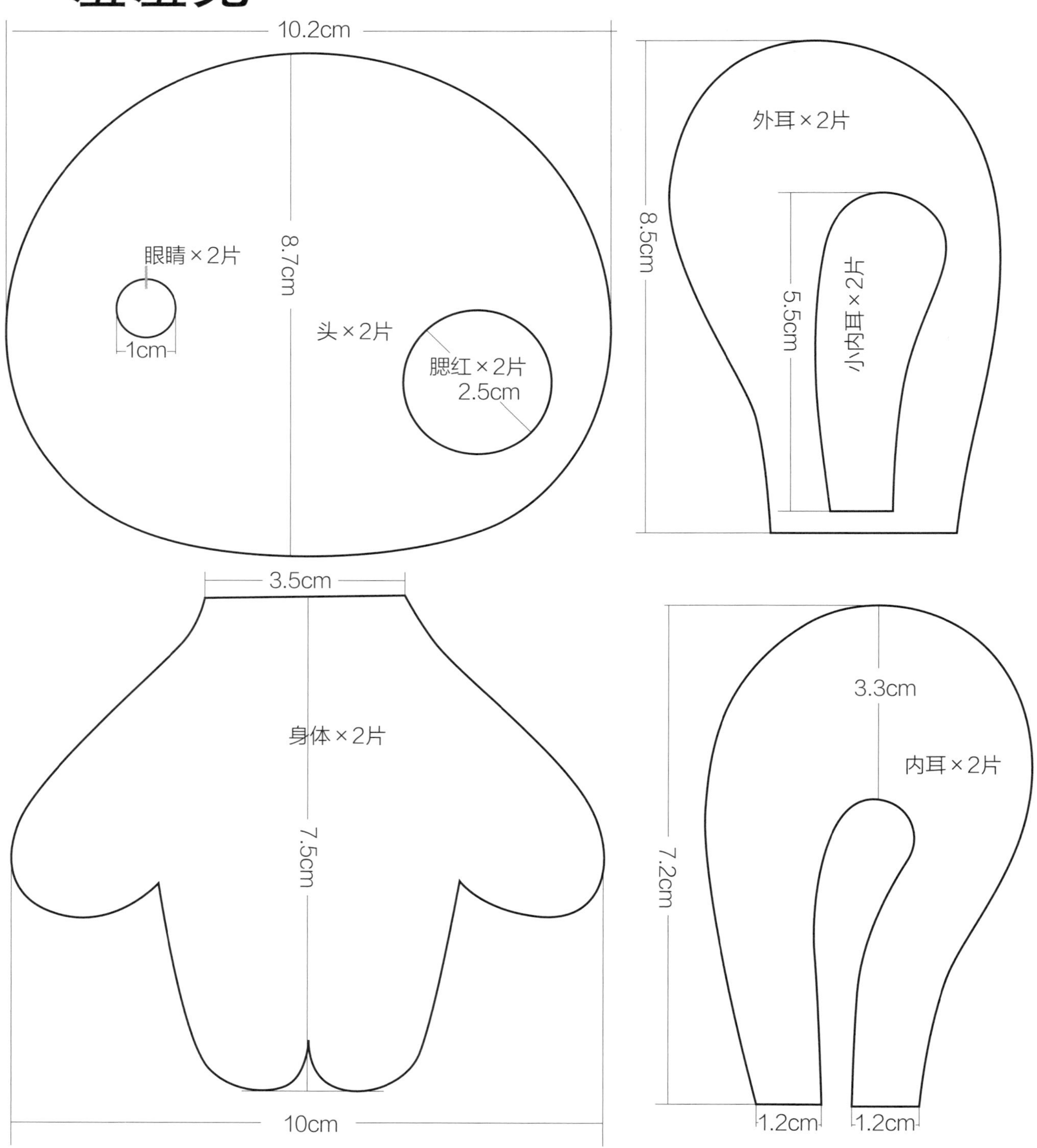
10.2cm
8.7cm
眼睛×2片
1cm
头×2片
腮红×2片
2.5cm
8.5cm
外耳×2片
5.5cm
小内耳×2片
3.5cm
身体×2片
7.5cm
10cm
3.3cm
内耳×2片
7.2cm
1.2cm
1.2cm

乡村兔子

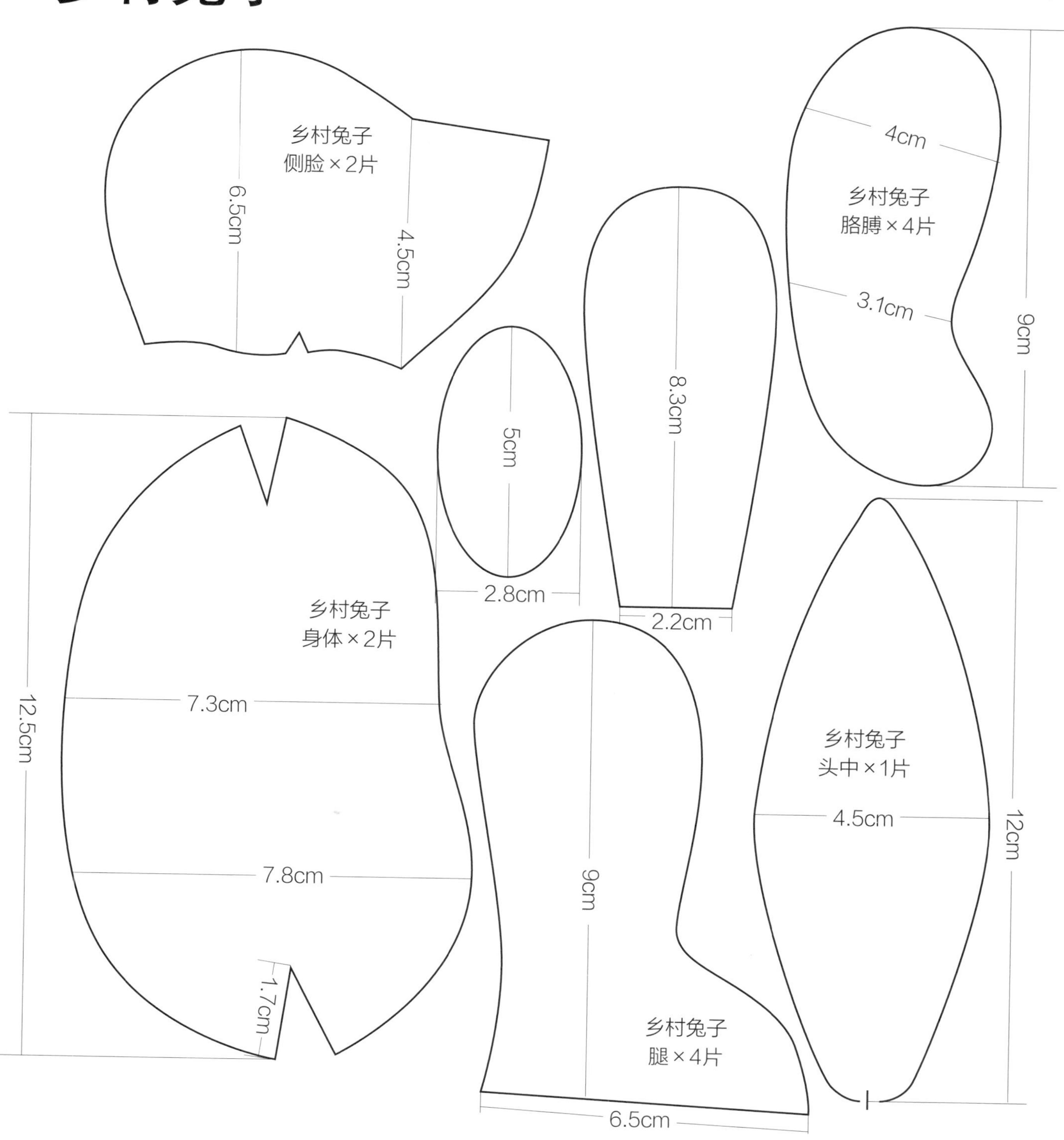
乡村兔子
侧脸×2片
6.5cm
4.5cm
乡村兔子
胳膊×4片
4cm
3.1cm
9cm
5cm
2.8cm
8.3cm
2.2cm
乡村兔子
身体×2片
7.3cm
7.8cm
12.5cm
1.7cm
9cm
乡村兔子
腿×4片
6.5cm
乡村兔子
头中×1片
4.5cm
12cm

图书在版编目（CIP）数据

好玩实用美布偶 / 孙晓丽著. -- 北京 : 中国纺织出版社，2015.2
（尚锦手工实用玩布系列）
ISBN 978-7-5180-1325-8

Ⅰ. ①好…　Ⅱ. ①孙…　Ⅲ. ①布料 – 手工艺品 – 制作
Ⅳ. ①TS973.5

中国版本图书馆CIP数据核字（2015）第001150号

策划编辑：向隽　刘茸　　　责任编辑：刘茸
装帧设计：水长流文化

中国纺织出版社出版发行
地址：北京市朝阳区百子湾东里A407号楼　邮政编码：100124
销售电话：010-67004422　传真：010-87155801
http: // www.c-textilep. com
E-mail: faxing@c-textilep. com
官方微博 http: // weibo.com/2119887771
北京市雅迪彩色印刷有限公司印刷　各地新华书店经销
2015年2月第1版第1次印刷
开本：710 × 1000　1/12　印张：12
字数：108千字　定价：32.80元